U0397296

中日联合教学马群地铁站周边城市设计

China-Japan Joint Studio Urban Design at Maqun Metro Station

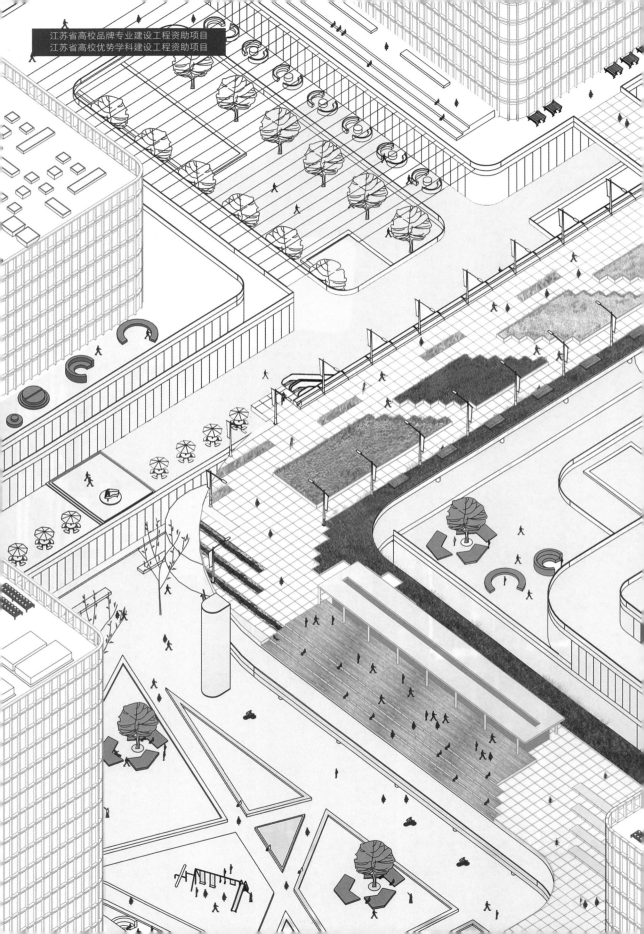

江苏省高校品牌专业建设工程资助项目
江苏省高校优势学科建设工程资助项目

东南大学建筑学院历史性城市设计教学读本

开往
春天的
地铁

METRO TO THE SPRING

看 卷　　唐芃 沈旸 等著

中日联合教学马群地铁站周边城市设计
China–Japan Joint Studio Urban Design at
Maqun Metro Station

东南大学出版社 南 京

教学团队

课程负责人

2013 年秋学期

授课教师

唐 芃 沈 旸 北田静男 周 伊

学 生

蔡陈翼 常哲晖 陈 杰 周 琪
陈 乐 张 丁 叶 枝 戴 赟
黄菲柳 温子申 张启瑞（中国台湾）
许州明（中国台湾） 曾薇凌（中国台湾）
翁金鑫 练玲玲

2014 年秋学期

授课教师

唐 芃 沈 旸 宗本顺三 惠良隆二

学 生

张宏宇 罗 西 钟奕芬 王佳玲
谢菡亭 应 媛 杨天民 陈咏仪
杨梦溪 李姝睿 商琪然 管 睿
阮立德（中国台湾） 郑敏丽（印度尼西亚）

2013年秋学期

2014年秋学期

目 录 CONTENTS

2013 年秋季四年级中日联合教学
"马群地铁站周边城市设计"
教学参观计划

主　　题：地铁上盖及周边综合体案例解读及少量城市设计案例解读
参观案例：涩谷站、多摩广场站、二子玉川站、京都站、表参道、代官山
参观时间：10 月 1—5 日

一、参观准备
1. 地铁综合体的要素
A. 城市边缘用地策划与环境整治。
B. 商业氛围创造与城市更新。
C. 新型城镇化背景下既有城市的扩张发展与文脉传承。

2. 参观案例时的关注点
A. 商业综合体：地面与地下的商业物业连成一体。
B. 立体交通换乘：多层级楼面与城市轨道交通站点通道直接或间接相连，出入城市轨道交通站点至进入购物中心的客流。
C. 多样绿化：屋顶绿化（屋顶庭院、公园、生产生态系）、墙面绿化。
D. 交通站与城市：空中连廊、城市广场、开放平台。

二、参观内容及要点
1. 涩谷站
A. 出入口涩谷 Mark City；地形高差的利用。
B. 地铁站与商业综合体的相连；涩谷 Hikarie 的综合功能"垂直堆积"。

2. 多摩广场站
A. "Piazza"：站前开放街道和林荫路，居民生活方式。
B. 车站南北部分的连接；商业设施与车站设施一体化；商业带动区域活力。

3. 二子玉川站
A. 建筑与自然的连接；多摩川周边自然景观的利用、激活与完善。
B. 区域内 550 米的专用步行道；"从城市走向自然"的景观的渐变。

4. 京都站
A. "通向日本历史之门"：建筑体量处理；聚集场所：连接室内外的复合大厅空间。
B. 中央大厅屋顶处理；舒适、便捷的城市公共空间。

5. 表参道
A. 历史序列上的演变：曾是明治神宫的专用道路。
B. 片区业态分布：100 多家店铺，包括风格各异的奢侈品旗舰店等。

6. 代官山
A. 场所形成：建筑向场所开放，建筑元素与广场连接。
B. 街区建筑复合功能：居住、商业、办公室、大使馆。
C. 集合住宅区：公共空间与私密空间的复合，分阶段设计的连续性。
D. 街区公共空间形成：六个点形广场形成街区的核心序列。

2013

秋学期

东南大学建筑学院
中日联合教学

马群地铁站周边城市设计
China-Japan Joint Studio Urban Design
at Maqun Metro Station

蔡陈翼 常哲晖

早春花事

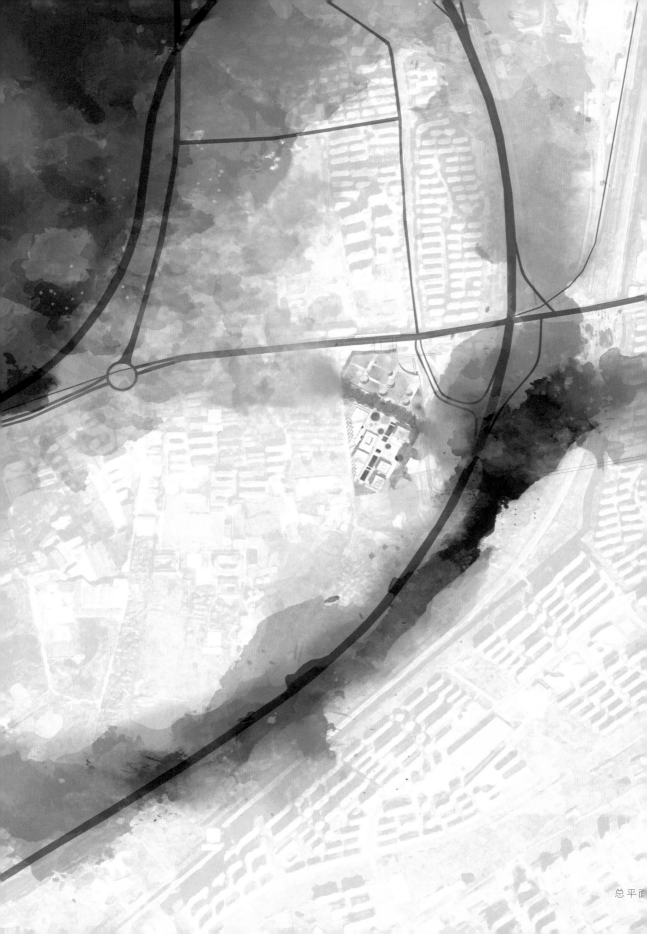

总平面

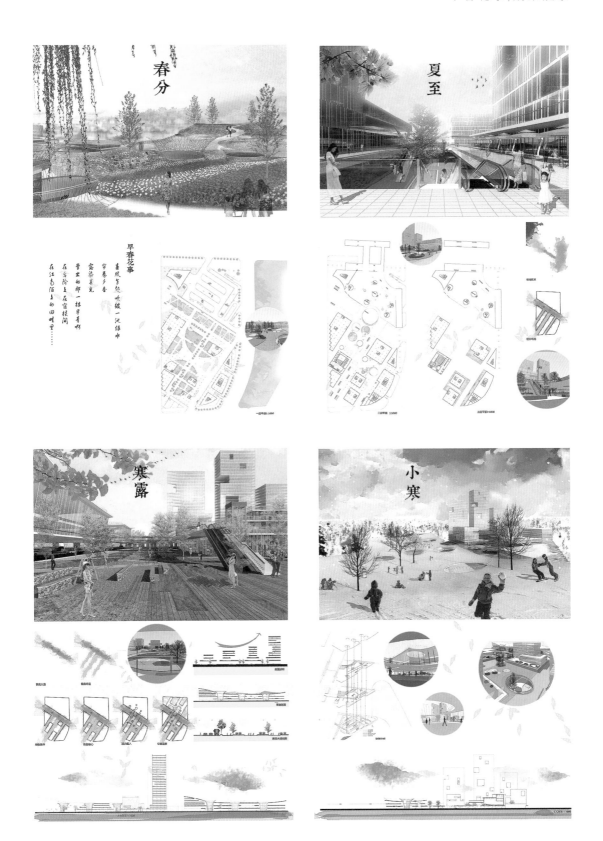

春分

夏至

寒露

小寒

早春花事

春风乍起 吹绉一池绿水
窃窃夕香
曾出的那一抹早春帕
在台阶上 在窗棱间
在江南陌上的田畔里……

各层平面图

剖面图

模型照片

方案生成

剖面图

这有可能是个跑偏的文，可能都不能算文。

憋了半天想写点儿一板一眼的东西，最终在憋了253 个字之后放弃了。就像起初打算做一个与我们从前所做的都不一样的，"有深度的、高大上的"交通综合体，憋了一个月以失败告终之后做了一个欢乐的"春田花花"一样。好像这是我、蔡老板、唐桑、沈大大在一起的必然结果。大三被唐桑带过之后，我和蔡老板受她人格魅力的深深吸引，期末选课题时毫不犹豫地选择了"马群地铁站周边城市设计"这个课题。进入"马群组"后，受蔡老板三年来人格魅力的深深吸引，我毫不犹豫地和蔡老板成为合作小伙伴（没错这就是江湖上俗称的"抱大腿"），从此开始了纠结又欢乐的设计课程。

方案是如何产生的
第一周 尺度感
课题刚开始的时候，大部分同学都被巨大的基地面积吓傻了，这么大到底是多大？就算去过了场地，我们还是想象不出这样一块基地，如果放新街口那些高层超高层，可以放多少栋？有多少个水游城那么大？……陷入一团混乱中。我们第一个方案产生了——一个毫无尺度感的建筑群。在基地中央空出一块做绿地，蔡老板说可以做一个主题公园（对！而且是 Hello Kitty 的主题公园）。公园周围有一些"小尺度"的房子，我们假想它们可以是独立的两三层的甜品店、咖啡厅等。把体块模型和平面图给老师看之后，老师指着那些"小尺度"的房子说，这些是什么？我们支支吾吾地说是小型商业，比如甜品店、咖啡厅什么的。

"不过这个尺度可以做个大酒店了。"

第二周和第三周 我们要做什么
方案没定之前，我们当然是在讨论一个没完没了的问题——我们要做什么？

关于车站，我们希望所有乘客不在换乘中心迷路，快速到达地铁、城际、轻轨车站，或者公交、出租、私家车停车场（车站里不同层高的地面上可以设置大洞以看到并到达下一层 / 上一层，到达各种车站或停车场的洞都有与之对应的醒目色彩标记）。我们希望通过车站带来的大量人群促进商业，把人从车站吸引到商业区。（"主题公园就可以吸引人群啊！"）

我们希望给乘车的、前来消费的人们提供良好的步行体验。（"主题公园可以改善步行环境呀！"）我们希望场地上有小尺度的建筑呼应周围城市肌理，吸引人们在这里休息、消费，而大型商业可以放在东边，不要对西侧的民房形成压迫。（"可以用场地中央的主题公园联系两种形式的商业建筑！"）

我们希望特定的人们可以从车站快速地到达商业区，下班回家的人们可以快速到达住宅区。（"主题公园……""够了！"）
……

很多零碎的想法，有些想法已经非常具体，却不知道如何实现。怎样才能组织起这些碎片呢……"所以我们要做什么？"

"我觉得我们缺少一个统领的概念。这些想法是必然要实现的，因为一个交通商业综合体必须解决这些问题。除了这些问题，我们还要做什么？"在这个问题上，我们犹豫纠结了很久，也争执了很久。蔡老板比较理性，她觉得我们就强调"二层步行系统"，把这个方案往下推进，会有解决办法的。这些想法做着做着就会被组织起来了。而我被之前那些细碎的片段缠绕着理不清头绪，一心想把它们统统抛开，从头开始。从头开始又无从开始，因为还是没有"概念"。

终于有一天，设计课临近下课，老师说，"其实我到现在还不知道你们要做什么。整片场地很凌乱，这里有一些东西，那里有一些东西。"
"什么都有，但好像什么都没做。"
"你们可以想想，你们还要为周围的居民提供一些什么？"

第四周 紫金山和高速公路
我们下决心重做一个，抛开之前零碎的想法。抛开之后，在重新研究场地时发现，场地周围除了紫金山，还有绕城公路东侧的一大片绿地，我们可以在这块场地中做一条视线通廊，使场地中的人看到绿地和紫金山，使高速公路上的人在路过这块场地时，可以顺着这条通廊遥望紫金山！我们马上和老师讨论了这个想法。

"可以，其实你们的出发点如果有道理、说得通就可以。"

顺着这个思路往下想，这条"视线通廊"可以以景观大道的方式呈现，景观大道用来划分场地。景观大道就是场地内部的主要景观了，所以步道可以直接朝着景观大道布置，使得人们在场地中任何地方行走时都可以看到景观大道郁郁葱葱的树木。而这些步道也有自己的景观，比如两侧的绿地小广场，或是步道局部"掏洞"，一层绿地的树通过这些洞长上来，二层步道上的人就可以享受绿荫……

这时课题进行一个月了，其他组的同学已经推敲方案好久了，而我们的方案才刚刚开始。

第五周 早春花事
要中期答辩了，我们的大框架才刚刚定下来！

幸好第二、第三周做的事情也不是无用功——商业区和车站之间有景观大道分隔，通过二层步道联系这两个区域；二层的三条步道垂直于景观大道，把场地从西向东划分成小型商业、文体活动、大型商场和高层住宅办公四个区域；文体活动和大型商场区域有绿地广场，一层的树木步道从广场地面的"洞洞"长上来，和车站内部解决上下垂直交通的洞洞呼应……

紧赶慢赶半个星期，这些问题也算有组织地解决了，有效率小能手蔡老板，我们所有高层的核心筒、停车场、道路都有了着落。但我们还是觉得缺一些什么，那些绿色：绿色步道、绿地广场、景观大道到车站就戛然而止了。

这时候沈大大出现了！

沈大大对我们的方案表示喜欢："我觉得你们的方案就像江南的田畦一样，那些圆圆的洞洞像水田里雨滴泛起的波澜，一圈一圈的，特别诗意。要说少了什么……好像是还不够。你们先去玩会儿，我想一个人思考。"然后挥一挥手把我和蔡老板赶走了……一挥手又把我们吆喝过去。"你们看啊，这个车站这么大，车站里这么多圆洞洞，人是不是可以到顶上去玩玩啊？"

"嗯，这个我们想过，可是这么大的顶上能玩什么啊？又不能在顶上放游乐设施？太空旷了。"

"可以种菜啊。你看你们的场地布置得这么像田畦，我们就可以强调'畦'的概念嘛，我们去日本的时候不就有个车站顶上种了蔬菜，还挺好看的。这些蔬菜由车站专门负责，菜可以提供给车站里面的餐厅……"沈大大笔一挥在草图纸上写下"江南的早春农事"。

"有道理！而且我们可以让乘客也上来一起种着玩儿，或者住区里的人过来租块地种着玩儿！"

这时候叶枝走过来，她匆匆忙忙地看走了眼，"诶？早春花事？"
"对！早春花事也好！种花种菜！更符合早春的气氛！"沈大大已经激动起来了。
"下节课就中期答辩了，老师……真的可以么……"我突然有点犹豫。
"可以啊，怎么不可以！"蔡老板也激动起来了。
（好像哪里不对……）

第六周 中期答辩
中期答辩前女生们在我们宿舍聚众画图的晚上，为了提神我们聊了一夜……

"哈哈哈，你说你们做的是什么？早春花事？哈哈哈，你们两个抠脚女汉子，做这么文艺的东西……别装了……""谁说是两个抠脚女汉子的！明明蔡老板是个充满粉红色气泡的女生！"
"我们想文艺就文艺，想抠脚就抠脚……怎样？"
"行行行，你们做，你们做……你们厉害……"

中期答辩请了日本的老师过来。上次给他看方案还是国庆节去日本时，那时我们还什么都没有呢。蔡老板兴致勃勃地给大家介绍完我们的早春花事大屋顶之后，所有老师都露出了慈祥的笑容……

"老师，怎么样？"
"好，他们说很好。"
"嗯？没别的了？"
"没啦，这不好吗？"

沈大大又一个激动，在旁边刷刷地作起诗来了。
"春风乍起，
吹皱一池绿水。
帘卷夕香，露染晨光，
晕出的那一抹早青啊！
在台阶上，
在窗棂间，
在江南陌上的田畦里。"
写完撕下纸赐给蔡老板。

闻风丧胆的赶图周

为了庆祝全组小伙伴的阶段性胜利我们去吃了火锅唱了歌（不要告诉唐妈妈，不然又要被打了）。

到还有十天就要交图的时候我们才发现一个星期已经过去了。
"那一周我们在干吗？"
"不知道啊，好像什么也没做……"

于是为了下狠心开始赶图，我们又出去撮了一顿。赶图周是个特别神奇的东西，在赶图周之前许个愿，不管开始赶图之前有多么一头雾水，赶图周结束这些愿望都能达成。比如我们要四张大透视，春、夏、秋、冬各一张，要一张 A0 的总平面图；比如整个图面要带水彩晕染效果……哦对了，我们稍微改了一下方案，平、立、剖都要改，那还要画基础图纸。

在没有田螺姑娘的情况下，为了实现这些愿望，我们发现我们得住在工作室了。

在工作室的七天七夜里发生了什么？我已经不太记得了——每次连续熬夜都会记忆模糊，那时候没有脑细胞，只记得晚上我和蔡老板轮流睡，我睡几个小时，她叫醒我，换她睡，几个小时之后我叫醒她，我们继续干活。最后一天我们在食堂聚餐吃早饭，粥还没喝完就睡着了；还有交图前夜弄丢图纸又神奇地补画出来的丁叔，说好睡一小时结果睡到中午怎么也叫不醒的翁嗲，带着重感冒还天天通宵的三个台湾小伙伴……

当然还有蔡老板。

那些天里经常发生这样的对话：
崩溃的我问还没崩溃的蔡老板："蔡老板……我可能来不及画分析图了……怎么办……"
"没事我来画吧。"
"蔡老板我不会 P 啊，怎么办！"
"啊这个啊，我也不会，网上找个教程，哎呀别急，有图拿出来就行。"
"蔡老板这样真的可以吗？"
"可以了，可以了，别纠结了，快画别的吧。"
"蔡老板……困……"
"你把标题加了就去打图吧，模型我和顾鹏做。"
…………

如果像以前，是我一个人画图，估计早就抓狂了。而这次，抓狂的时候还可以和丁叔咆哮和翁嗲咆哮，可以找唐妈妈哭诉……还可以撂挑子给蔡老板。可能这就是三年作为舍友和工作室邻座的默契吧，互相信任和互补。

丁叔说："乐乐一个人就可以组成一个赶图小分队，生产力为 3，而我是 -1，所以我们加起来也还是有 2 个生产力的，能赶上大部队。"此处深有同感。

所以我要来一句类似获奖感言的肉麻的话——感谢唐妈妈一路指点和沈大大一路支持，感谢蔡老板给我最坚实的依靠，感谢马群组小伙伴带来的欢笑。

蔡陈翼 常哲晖
（常哲晖执笔）

陈 杰　　周 琪

ORDER & FLOW

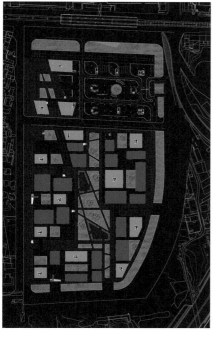
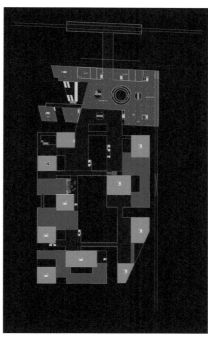
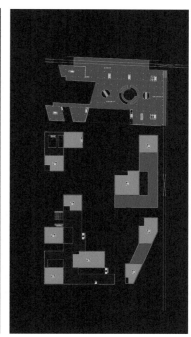

各层平面图

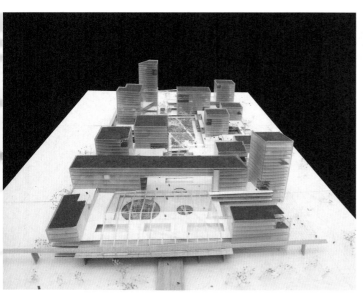

模型照片

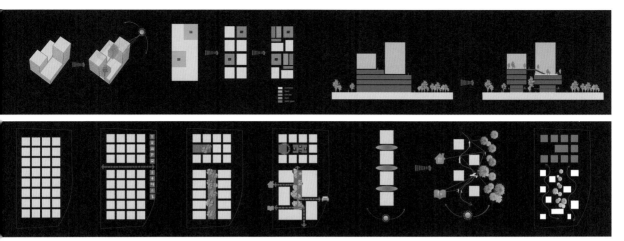

方案生成

第一次团队合作，第一次由多位中日老师指导，第一次接触交通枢纽类建筑，第一次面对 30 万平方米的巨大尺度……太多的新鲜感，随之而来的便是手足无措。答辩当日，早上 5 点做完模型的一刹那，没有想象中的狂喜，出乎意料地平静，静坐在空荡的 301，那两个小时的思考依然清晰。

答辩时，北田静男先生问了我一个问题："你觉得在此次设计中，面对的最大问题是什么？从中你又学到了什么？"我的回答是"尺度"和"实实在在的应对场地、区域问题，实地勘察、资料阅读加上尺度的不断调试解决矛盾"。

了解任务书—实地踏勘—提出概念—初步方案—概念深化—方案定型—设计表达和表现，这些设计流程我们早已熟稔于心，然而对于这样一个实用性、标志性远胜于象征意义的综合体而言，若概念还只停留于对地图上的某些圈、线这些看似城市视角的解读，同伴和我都不认同。因此，我们的概念源于对城市、区域、建筑三个层级的认知和思考：应对城东门户的标志性，应对区域规划绿地与实际状况的差异性，应对基地周边商业空间室内外的隔绝性。"门""绿地公园""半开放式灰空间"，应运而生。

关于尺度，着实是一次挑战。设计伊始，第一周就是快题，起初不以为意，等到真正下手才发觉无可适从。巨大的基地尺度、较高的容积率要求、交通枢纽精确的设计限制使得概念难以落地。以前，面对新尺度，往往一个体块就可以略知一二，甚至可以将功能组团尺度一一确定，这次却毫无头绪。"模数"的使用仿佛很简单，但是用多少为模数呢？老师提醒我们设计之前就要做好基础准备。查阅了一些商业大楼数据，我们选择了 30 米 × 30 米的基本单元。问题接踵而至，以往的设计一般都是估算一下大致体量和面积，先完善形体组构，再调整平面，在马群设计中，老师一开始就要求画车站平面。在各种规范和尺度的限制下，原本很多臆想的车站组织方式一一被毙，调整了至少 6 次才合格，也幸亏如此，这次设计才得以按时完成。

除了设计的种种，这两个月充满了欢乐，整个工作室一起熬夜，一起唱歌，一起开怀大笑，还结识了三位来自海峡对岸的同学，可谓收获颇丰。

现在想起，设计初始，我和同伴周琪发生了不少分歧，此后渐渐地走入正轨，互相理解，即使有时想法不切实际，两个人也愿意一起尝试、研究。也是第一次，老师与同学如此亲密，为我们出主意、找范图，自掏腰包请学生，只能说团队真的有别样的感情和感悟。

此外，不得不谈谈七天的日本之旅。回想起来每一天都是那么的新鲜、充实，以往常常感叹这些设计概念真能落实吗？当看到大阪站的"门户"、"恐怖"的城市峡谷、大师作品遍地的表参道以及那些每一户都别具风格的居民区时，疑惑烟消云散。回来后，在设计中借鉴了不少在日本的所见所闻，确实别有韵味，不虚此行。

马群城市综合体的设计并非天马行空般的新潮，也无高山流水似的飘逸，却包含着同伴和我对实际问题的思考，对真实概念的追求，对超级尺度的探究，对交通枢纽的学习，对建筑设计的新认知。感谢！

陈 杰

最初选择"马群地铁站周边城市设计"这个课题，仅仅是因为和唐老师比较熟悉并能够去日本参观，以为轻轻松松便能完成设计任务，未曾想过这其中有许多波折，几分快乐、几分痛苦，竟让这次设计变得如此的不同寻常。

第一次合作

每一次设计都有每一次设计的收获，而这次的收获不仅仅只是设计水平的提高，因为这是一次小组作业，是我第一次与别人合作一个设计。以前曾听城市规划班的同学向我抱怨合作时各种相互掣肘，最终导致一加一小于一的局面，当时听来很不以为然。当我面对这次的作业时这变成了最令纠结的一个问题，深刻体会到了他们的感受。

我和陈杰与其他组有些不同，别的组的两个人不是老搭档就是彼此十分熟悉，我和他基本上是在设计课前一天认识的，他既不了解我，我也不了解他。在最初小心翼翼地接触之后，渐渐发现我们的设计风格和思路的确有一些偏差。每个人心中都有几分表现的欲望，我也未能免俗。即便我看到了他的设计水平高于我，我也无法放弃与他一争的念头。于是我们就反复地换着方案，原想时间还早，但这样变来变去让我们从进度最快的一组一直落到了最后。何等幸运，我们遇到的是唐老师。

不是没有遇到过好老师，细致入微、谆谆教导，却仅仅停留在方案设计中，很少去了解学生之间到底是一种怎样的情况。唐老师却是不同的，那天晚上唐老师找我们谈话，教我们之间该如何合作。我很惊诧，唐老师竟然连如此小的裂痕都能够察觉；我也很惭愧，这本是应该我们自己能够

解决的问题，却要老师来给我们调节；但更多的是感动，因为唐老师的这份了解、这份关怀。经此一晚，心结已开，后面的种种困难也都可以迎刃而解。

我的搭档陈杰是很优秀的，我与他之间与其说是合作，倒不如说是我在向他学习。他很低调，别人常常不能发现他的闪光点。我与他的合作也算是一种巧合，只因为我们原本的搭档都被抽离。从最初的磨合开始到后来的并肩作战，我能看到他缜密的逻辑思维、大胆的设计思路。我们合作的设定基本上是他做主攻、我做辅助，他能发挥得淋漓尽致，我也能从中学习受益，何乐而不为呢。这是一段很愉快的合作，也是一份很珍贵的友谊。我很期待我们下一次的合作。

306 工作室

在做这个设计时，我并没有感觉到我们工作室有什么不同，直到第二个设计后，才感觉到 306 的欢声笑语是多么令人怀念。我们可以骄傲地将螃蟹壳贴在门上炫耀，我们可以出去聚餐不需要什么理由。

很少有老师能像沈老师和唐老师那样与我们相处得完全没有师生间的隔阂，相处起来如朋友一般。正是两位老师的凝聚力让 306 变成一个大家庭。即使现在我们的答辩已经结束很久了，但是 306 的大家庭依然没有改变，设计课断断续续的后续工作也没有结束，这样的感觉让我感到很安心，希望我们永远都不会画上句号。

真的很幸运能够在大四的第一个设计选择了这个课题。

周 琪

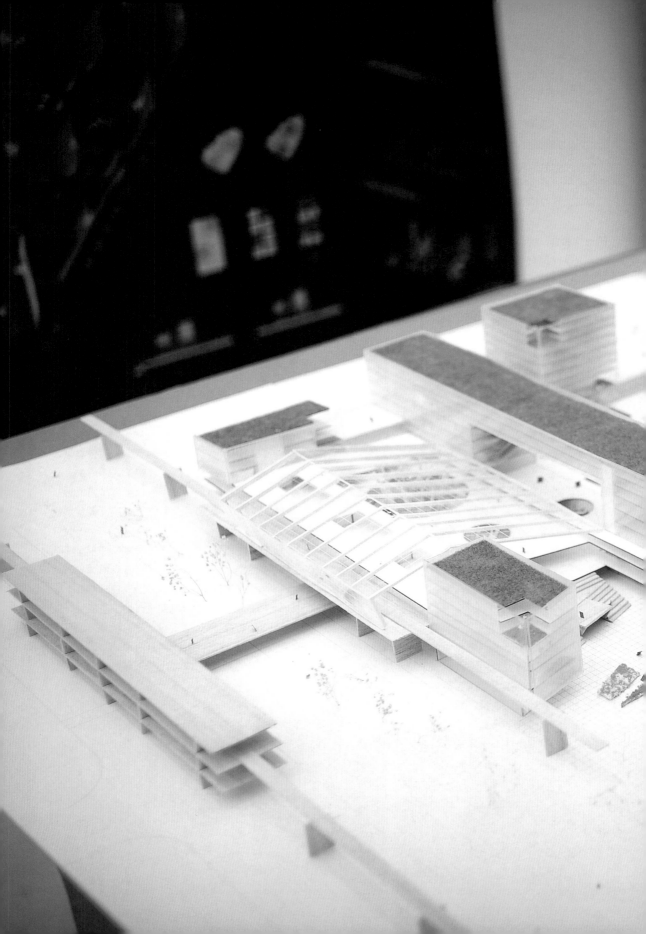

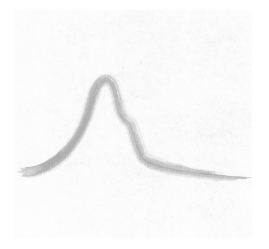

张 丁　　　陈 乐

山·市

总平面图

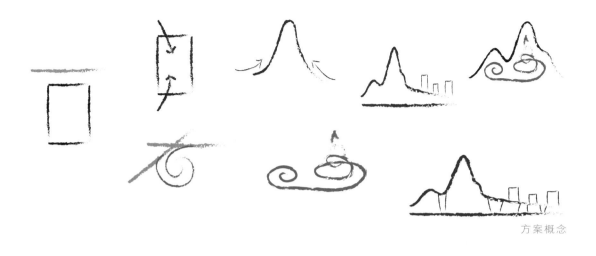

方案概念

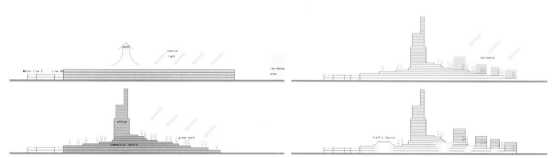

分析图

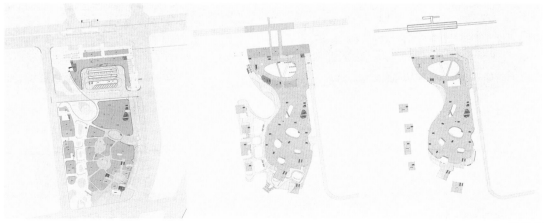

平面图

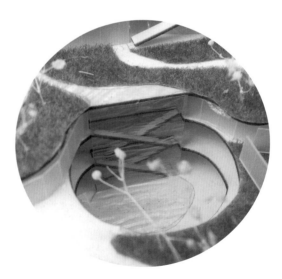

模型照片

透视图

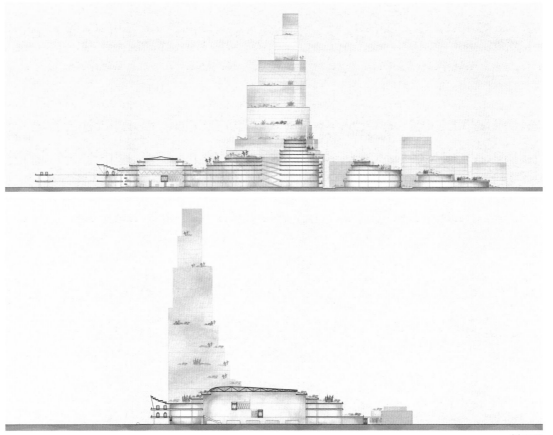

剖面图

这次任务包含的内容为综合交通站设计、接近于城市设计的区域规划设计、商业综合体设计以及住区规划。

从时间轴上，可以归纳为四个方面：前期准备，资料收集；方案初定，确定方向；日本之行，参观学习；方案深化，表达呈现。

前期准备，方案初定。不得不承认，我永远觉得这一个过程是学习硬性知识最多的阶段，我们不得不看很多规范以及各种相关的尺寸、要求，了解场地和周边的业态分布、将来的规划情况。乐乐是一个超级厉害的资料收集狂，在他的带动下，我看了相比以前的设计多得多的资料，这其实也是一个判断选择的过程，哪些是我们需要的，哪些是我们认为不合适的，从而奠定了我们设计的大致方向，毕竟作为学生，试图不投入就产出是不够实际的。

日本之行。日本的建筑和日本的设计是我们这个年代很多建筑专业的学生向往的，日本的大师也渐渐地吸引了我们的目光。所以，这次日本之行，格外地吸引着我们。但是到了日本，对我触动最大的却不是哪一栋具体的建筑，也许我们在杂志上看到了过多的大师作品，临近现场，触动反而减少了。

给我最大的感触是秩序，即日本人的秩序或者说是日本人的习惯。在日本，扶梯上的人们总是只站在一侧，地铁的环境总是整洁而干净，上下车的人们井井有条，一个公园里甚至出现了七八种不同的扶手。这种秩序性体现在方方面面，也是设计师出发的根本，令人深深地感叹，什么样的环境造就什么样的设计。我们的秩序性在哪里？恐怕要再仔细寻找了，这绝不是一件简单的事情。

方案深化，表达呈现。纠结的设计，纠结的建筑。

纠结似乎成了我的一个标签。虽然这次陪伴我的是一个极为给力的伙伴，但是我的纠结还是无法停止。尝试，失败，再尝试，似乎成为我的一个习惯。但是什么是失败，其实自己也无法弄清，所以所谓的尝试，大部分也是在做无用功。

所以没有弄清楚什么是相对好的，也就没有必要纠结，耽误时间，永远是不好的。

马群地铁站周边城市设计，我们纠结在什么地方？是不是要给退台一些合理的解释、合理的用途，这个想法，在现在看来也是有意义的，但是我们没有找到一条合适的路子走下去，无果了；做圆还是做直，我们试了几次，因为我们并不知道曲线除了增强连续性之外能带来多少好处，无果；结构是不是要做起来，被北田老师否认了，不过也确实是我们没有能力，无果；排版出图，最终因为时间问题，没有实现。

总结看来，选择一条可行的道路，不要在没有必要的地方多想，做自己能做的事情，才是在规定时间内把设计做好的保障。

如何理解当代中国建筑混乱的状态？前段时间我获得了很大的启发，朱光亚老师的演讲让我几乎落泪。当孤独的内心接受到共鸣的时候我不能不落泪，这是一种内心的认可，一种深刻的教诲，以道为重，兼以西学。

看起来很简单的一句话，做起来有时多么的困难，中国的近代建筑不是尝试，但是大部分的时间停滞了。一定有很多建筑人都在默默尝试着，他们值得我敬佩，值得我学习。

张　丁

一晃儿，为期八周的设计课题结束了，在此期间我经历了很多人生第一次，第一次合作设计，第一次出国，第一次接触台湾小伙伴……

相比刚接到课题时的兴奋与迷茫的状态，现在想想，整个过程是辛苦而欢乐的。

第一次去基地考察，到了马群，才发现基地如此庞杂：面积11公顷，纵深400余米，地铁站一侧车水马龙，人潮涌动，而另一侧的宁杭高速和待拆迁的居民区则显得格外冷清。站在马群站上往下望，简直不敢想象这里将成为南京未来的"东大门"。对马群站未来熙熙攘攘、人来人往的繁忙状态的模拟，似乎在这里丝毫开展不了。由于缺少必要的知识经验，第一周的快题只好硬着头皮去做，成果并不理想，但至少对场地的尺度有了基本的了解，毕竟小手一抖几十米就下去了。

接下来就是案例研究。我们查看了世界上各大商业综合体，其中日本的难波公园吸引了我：它用一栋高层吸纳容积率，剩下的部分做成退台开放给城市。这和我一直畅想的理想状态不谋而合。在一次设计课的前夜，匆忙画了张草图，拍脑袋做了一座"山"，准备第二天早上挨批。没想到两位老师却称好，继续往下做。

设计的过程总是会经历一个"瓶颈"期，随着思考的深入，好奇心的凋零，于是开始不断地怀疑之前的价值判断，提出新的想法，而后又否定之，复又肯定，来来回回，犹豫不前。先是觉得形式关注得太多，转而投入对人的行为的研究。后来又考虑到"山"底大面积的采光、通风问题，换乘站的动线组织、结构问题，居住区的日照要求，公共活动空间的组织等等。想得太多的后果就是设计毫无进展。我们逐渐丧失了判断力，进入了设计的纠结期。也许是因为审美疲劳，曲线形好几次想改成方形。然而老师们却一直鼓励我们保持最初的想法，排除"杂念"，自由而又富有想象力地去做。

陈　乐

云霞之日间。日常之暇，秋凉之后，若辛其济米不可。

山起于地，层级而下，拾级聚足，连步以上；

顺水而行，亭立溪涧，椅亭而坐，泉泻于壁，

水气淼淼，流物沿道于其中，始知山者，

一桥一水一亭矣。

恍而不觉，其时近已，

童叟之声渐响，男女之言遍闻，

方觉山中有市，市外有山。

其间往来东执，络绎不绝，

因山而来者有之，市而来者亦有之，

山市之名渐响于宇，成东西往来之便，

四方黎庶之园。欢笑于此，

其乐甚哉。午时将近，陆陆续散，

山市回望，唯余一山一市一水一亭而已。

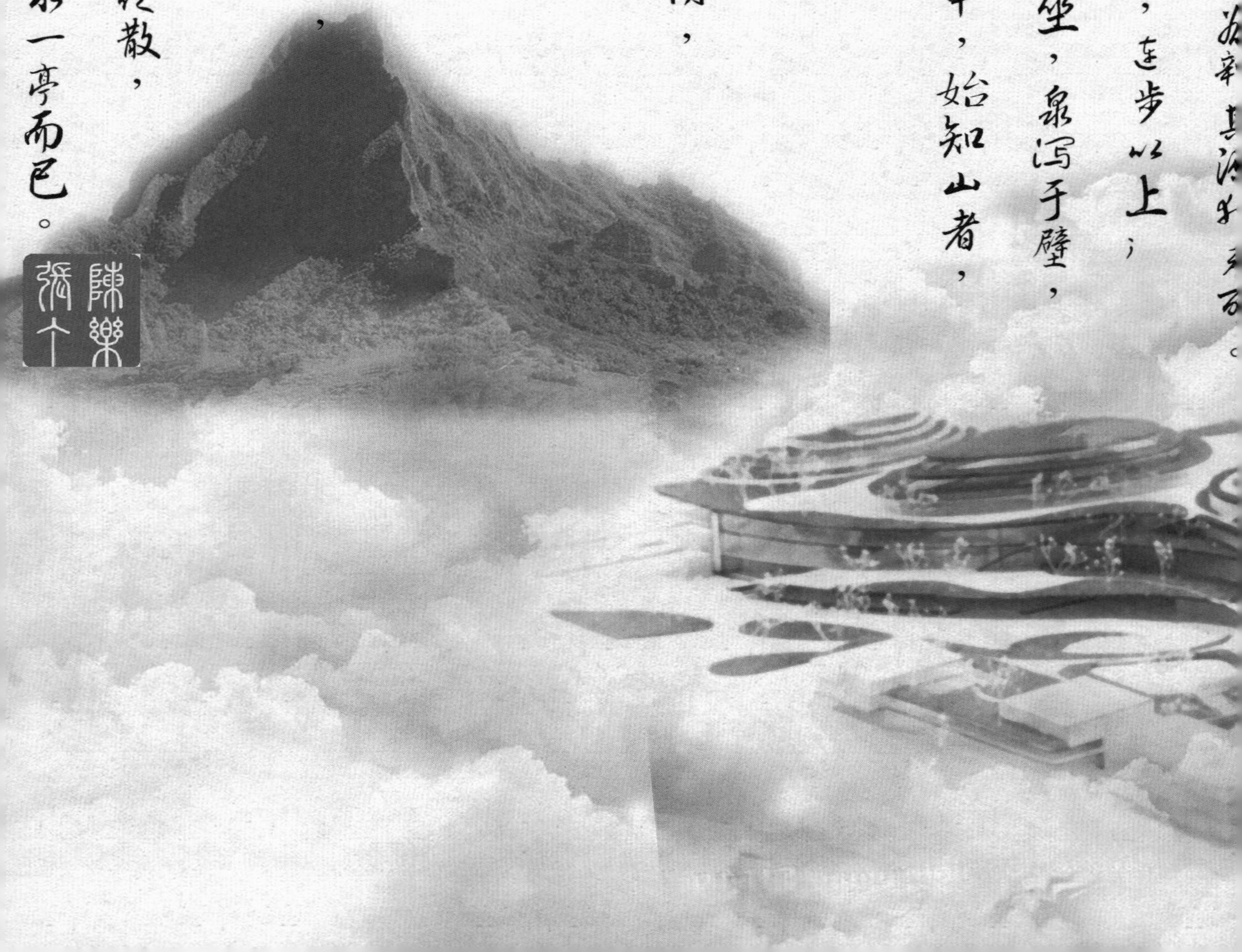

山·市

紫金山东，丐群者，昔洪武太仆寺卿典厩署所居地也，

今黎元期其地美而廉，多邑于此，

然久居而无园市疑建来，殆夷，遂始作山市，以解之。

明崇祯聊斋公书志异文云各山山市者，邑八景之一也，

＝ 数年恒不一见。乃奇景与海市沙市高，

然山市于今，通聚山水市者也。

癸巳之秋，时月十一，相偕以诗，晨游于丐群山市，

渺渺于营空之上，讫讫乎云雾之中；

急见危楼，山市之山，半紫金倍宅字，

颔首回味，望山前行，

但见草桥莅莅，渐闻水亏潺潺。

即诊山市之水，註足而眺，

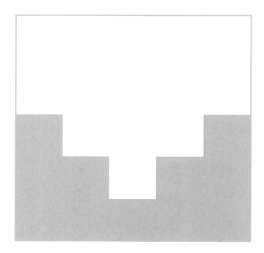

叶 枝　　戴 赟

GULLY

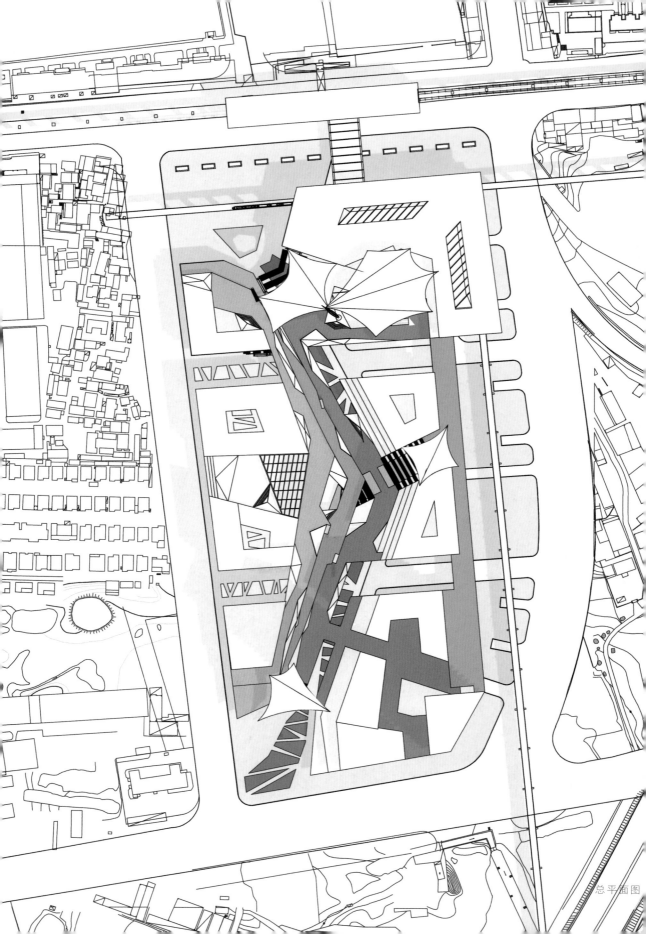

总平面图

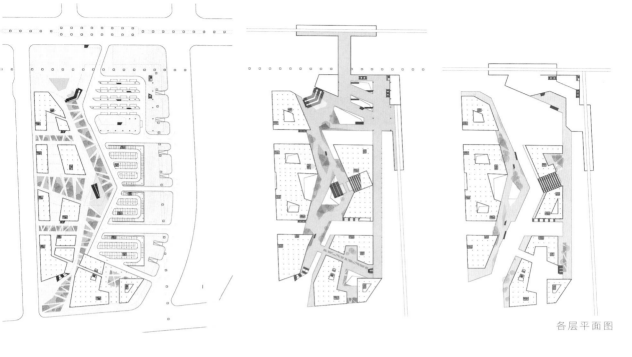

各层平面图

模型照片

透视图

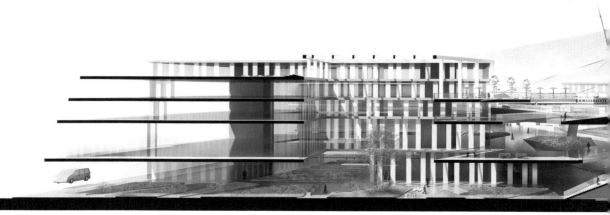

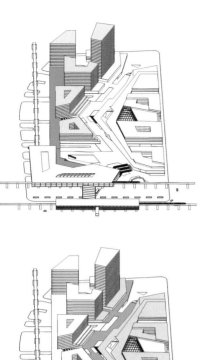

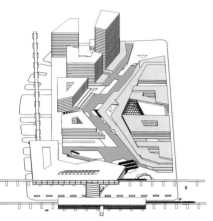

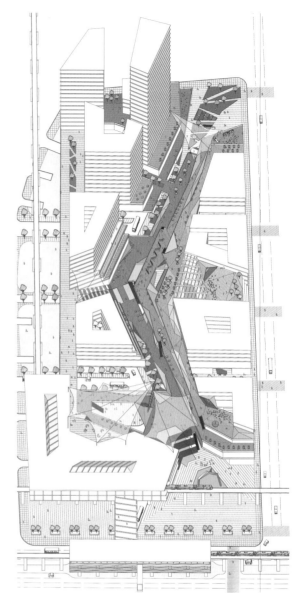

轴测图

剖透视

我们的课程组在东南大学前工院306室，306是第一个在工作室吃螃蟹的组。306吃起螃蟹来好不招摇！一大锅肥蟹配上陈醋和姜丝，差点儿真去打印几张菊花照片应景。吃毕，还要洗净蟹壳挂在门上，写上"今日不供应，只为炫耀下"，赤裸裸地招仇恨。当真是，香飘万里，"臭名远扬"。对于别组的羡慕嫉妒恨，306只能表示，有一个请吃大闸蟹的老师真是很幸福。306的课题也是只难啃的新螃蟹，而且，从老师到学生，都是第一次吃。

"马群地铁站周边城市设计"，看到课题第一眼的感受，或者可以用"不明觉厉"来形容。课程还没开始，群共享里就已经堆积了一大批待下载的资料，似乎预示着接下来半学期里一贯的节奏。上了两节课后，大家总算稍许了解了要干些什么。台湾来交流的小伙伴们更是捉急，刚刚卸下沉重的行李，就被突如其来的课业重担砸昏了头。"你们大四就做这样的设计吗？我怎么感觉在台湾毕业设计才会有……"

无论如何，课程就在这种"难以置信"的气氛中开始了。这个新开的课题，没有先例，我们是第一群摸着石头过河的人。场地调研、快题设计、日本考察、方案深化以及贯穿于每一个阶段无休无止、循环往复的案例分析讨论，可谓举步维艰。那些日子里，每周一和周四的设计课成为时间轴上的唯一坐标。在这不知不觉中，一屋子原本哭爹喊娘、毫无头绪的人也渐渐理清了各自的头绪。可惜刚刚理清头绪，设计就到了最后两周。原本就已十分紧凑的节奏，一下子变得过分紧凑了。

吃了一顿赶图前"最后的晚餐"，306相约进入了"歇斯底里"周。你画图来我建模，你P图来我渲染，两人小组，彼此的第一次合作，倒也亲密合拍。靠谱的小伙伴，任务再艰巨，只要有你就感觉很安心。再苦再累，答辩完，睡醒后，也能笑言，真是吃了一只挺神奇的螃蟹，和一群挺勇敢的人。

除了这些，306里还有过很多很多的第一次。在306，第一次加入这样一个功能全面的QQ群。群共享里参考资料一应俱全，新鲜案例由两位老师随时发布，学术答疑，八卦闲聊，聚餐淘宝，甚至发牢骚、求安慰……这里都是好去处。

在306，第一次遇到这么爱聚餐的一群人。随便什么由头都能约起来。因为生日而聚，因为节日而聚，因为课程开始而聚，因为课程结束而聚，因为赶图开始而聚，因为答谢老师而聚，因为见证爱情而聚……后来，聚餐就完全不需要由头。某次临时加课，下课后，大家一看，人都在——"要不，聚个餐吧"！306，不吃不相识。

在306，第一次见证一段跨越海峡的工作室恋情。我记得，8月末和女主去福建测绘，两个多月后，她在新工作室和从台湾来交流的男主牵起了手。

306，或许真是个福地。仍然记得当初选课时，这个课题组人气爆棚的情状，多少人为此挤破头。现在回想起来，这真是特别值得。在前工院，306是第一个吃螃蟹的组，我们在这里留下很多难忘的第一次。

叶 枝

时隔三四个月再回忆做"马群地铁站周边城市设计"的过程，痛的时候相当痛，快乐的时候非常快乐。

"马群地铁站周边城市设计"是进入大四以来的第一个设计，虽然选课时被归到大型公共建筑一类，但是这个课题的规模比同期的一些城市设计的用地还要大。由于是交通综合体，功能与流线都很复杂。做完快题后心里默默吐槽，这个设计简直就是马群地铁站地段城市设计加换乘枢纽设计加商业综合体设计加高层建筑设计，顿时对未来充满了担忧。

设计过程中，在快题阶段我们有了一个比较草率的方案，简单地加入了一块二层标高的板，让人的漫步路径从一层蔓延至二层。在后来的讨论中加入了峡谷的概念，加入退台。但是方案依旧不能让人激动起来，板看上去更像天桥，我们怀疑是否会有人在板上活动。

随后依照课程安排，是联合教学中赴日本的参观。日本的城市由于受到用地限制，所以用立体化的手段将大量的人流向地面上层或下层分流，配合商业设施形成综合体。我们觉得有趣的是走在这些地方时，大部分的时间会认为自己依旧在地面标高，而不是天桥或是地下通道。而地面是人们活动最多的地方。所以将板抬起是不够的，板给人带来像在地面的感受才会汇聚人群。

在后来方案的深化中，我和小伙伴用京都站作为案例进行分析，结合一些其余的换乘站点寻找带来这种感受的原因。当同一标高的板可以承担完整的活动而不仅仅是交通功能时，板会带来"地面"的感觉。所以我们用不同标高的板承载不同的活动，每一块板上的活动都是各自完整的，人们可以在一块板上完成一天的所有活动，包括搭乘交通工具。这个改进帮助我们度过了最痛苦的瓶颈时期。

总结设计过程，最大的收获是学会了从使用中观察与分析。之前做分析建筑，主要从流线或平面组织出发，与使用者感受是割裂的。而我们在旅行中从一个使用者的角度感知空间吸引人的地方，然后寻找原因，提取要素，最后将它们用在自己的设计中。一趟日本之行，吃喝玩乐之中居然还学到了东西，忍不住为唐老师与沈老师的课程设计点个赞。

马群是我的第一个合作作业，多谢叶枝小伙伴担待。两个人协同做设计不比一个人，自由自在，想改便改。方案修改的时候两个人居然就着一个楼梯断断续续讨论了一周，现在想想其实并不存在哪个更好哪个比较坏，固执真是个浪费时间的东西。

马群组的同伴在这个综合体设计的过程里都是磕磕绊绊，临到交图几乎睡了一个星期的工作室，但是所有人依旧元气十足，干劲满满。现在回忆起来还是挺辛苦的，但是经过这十六周，不论设计上还是表达上甚至旅游上，收获都非常多。

由衷感谢唐老师与沈老师！

戴　赞

黄菲柳　　　温子申

LIFE CIRCLES

总平面图

模型照片

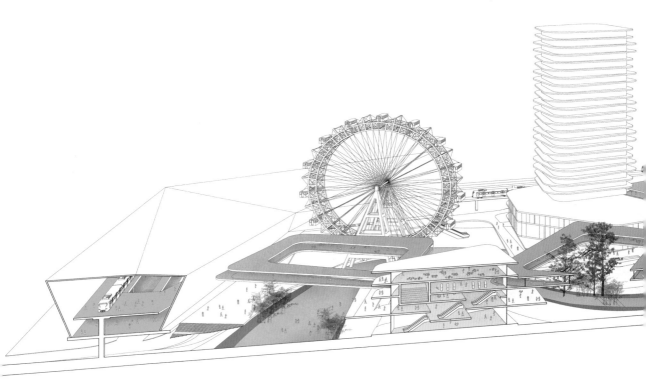

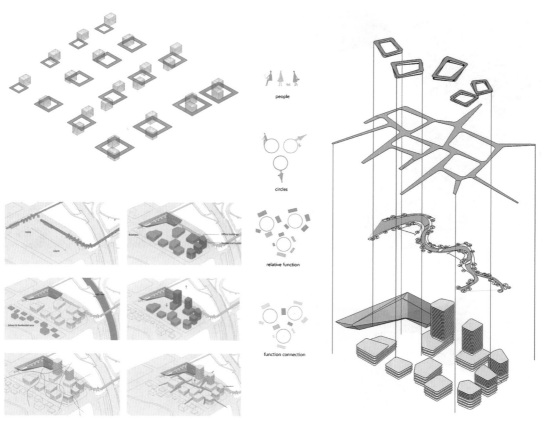

people

circles

relative function

function connection

方案生成

功能分析

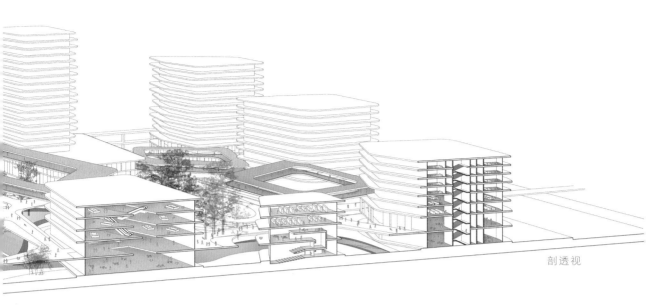

剖透视

透视图

从大三升入大四，对于我以及其他同年级的同学们都是一个巨大的挑战。在整个大三的设计学习中，我们逐渐理解了使用者在建筑设计过程中所起到的重要影响，而对建筑的解读也在空间、光、材料等抽象理性的元素里逐渐加入了血肉和情感。升入大四，题目的规模、复杂性都在很大程度上加大，需要考虑的要素也不是简单就能够列举的。这更让我体会到建筑师的性质更接近一个指挥家，需要权衡各种乐器的音调高低、配合方式，而不是简单地线性思考，这样才能最终汇成一篇美妙的乐章。

这样看来，大四的第一个作业无疑相当重要。在选课时，觉得"马群地铁站周边城市设计"非常有意思，因为不同于一般的综合体设计，这个题目还须考虑轨道交通及其带来的人流问题。当真正拿到任务书时，更加感觉到这个题目的难度、复杂程度和规模都大大超出了我的预期。

方案尺度
首先，场地足足有 10 公顷。对比之前做过的设计，最大的场地面积不足 10000 平方米，这在尺度上完全不是一个概念。

在最初的快题设计中，对我们挑战最大的就是方案的尺度问题。由于从来没有接触过综合体建筑，对容积率的概念也仅限于纸上谈兵，完全没有在体量阶段运用过。面对这么大的一块场地，限制条件又相对较少，怎么形成大致正确的体量关系，是最让我们头疼的。对于这个问题，我们组的解决方法是用泡沫切出相同大小的体块，得到满足容积率的总量，在场地上进行不同方式的堆叠，以获得对体量大小、高度的大致认识。事实证明，这种方法是非常有效的。

场地
对于马群这个场地，在接触此次设计之前，是比较陌生的。第一次到场地调研的时候，对场地的特质印象很深。由于处在城乡结合部，场地周围的建筑呈现出一种混乱的多样化。有破破烂烂的城中村，也有精心规划的住宅小区。又由于地处交通枢纽地带，有地铁换乘站和长途汽车站。马群虽然不如市中心发达，但却不缺少人气。人行道上各种推着车的小商贩，混合着来来往往换乘的人群，形成了一道别样的风景线。

而在建筑设计方面，场地的限制条件基本上较少。最需要考虑的就是北侧和东侧的两条轨道交通路线对周边建筑的影响，包括体量关系、噪音、污染等等。

概念生成
在大四之前所做的设计，基本上都有比较完整的任务书，其功能要求、面积要求都相对具体。而此次设计中很重要的一个环节就是功能策划。这主要取决于自身对场地的理解和定位以及对周边人群的分析。

由于设计的题目是交通综合体，所以换乘人群必然是得到较多考虑的一类人群。结合换乘车站的功能，考虑周边学校和居民，我们还设定了大型商场、青少年活动中心和游乐设施等公共设施，以及联合开发的办公楼和高层住区。由此，产生了该场地内最主要的三种人群：换乘人群、办公人群和居住人群。受到不同种类的人存在不同生活圈子这一现象的启发，我们在场地上也设定了不同的"圈子"，连接各个相关功能的体量，以供不同的人群使用。这样既做到了在一个复合功能的综合体中将人群分流，也增加了建筑空间的趣味性。

在这八周的设计过程中，不得不提及其中一周的日本建筑之行。老师带队，向我们详尽地介绍日本各处著名建筑，特别是和此次设计有关的交通综合体建筑，日本之行让我们受益匪浅。

在日本一周的参观之后，对建筑有了很多新的认识，也有很多感触。日本建筑师对人文的细腻关怀，对城市和建筑谨慎又不失新意的处理，都让我很感动。同样是亚洲国家，有着相似的建筑历史，日本建筑师找到了历史与当代的平衡点，在现代建筑史上独树一帜，形成了不同于西方建筑师的流派，让我很佩服。不论是小型住宅，还是大型的公共建筑，永远把使用人群放在考虑的第一要素，一切以人为本。

日本建筑师塑造出了许多令人惊喜的舒适空间。比如表参道的东急百货，街角体量屋顶的绿色平台，让人有一种柳暗花明又一村的感觉，谁会想到百货商场里还有这样宜人的室外空间呢！又如涩谷站横跨城市主干道的玻璃人行天桥，不在里面走一回，无论如何也体会不到川流不息的汽车人群在脚下交错是多么神奇的感受。

老师指导

每一次设计课程上，老师们的指导都能让我学到许多新的东西。日本建筑师北田老师让我知道了在建筑设计中概念的重要性，以及如何将概念转化为建筑语汇。不仅仅在建筑设计上，在相处中，北田老师也让我感受到了他的谦逊和诚恳。作为一位从业四十年的老建筑师，北田老师对待我们这样的愣头青，还是一如既往地耐心和随和，让我十分感动。

更多时候，对于方案的交流是在唐老师和沈老师的指导下进行的。因为唐老师曾经带过我的大三设计，所以对她的指导方法比较熟悉。最让我觉得有帮助的是，唐老师在方案深化过程中，总是不断提醒我们最想要的到底是什么，最初的概念有没有渐渐变弱了。这使得我们的方案始终在一条正轨上行进，并且每一组的方案都有很强的个性。而沈老师给我最深的印象则是他层出不穷的灵感和语言上的才华。每次和沈老师讨论方案，他总能想出各种各样的新点子，让我们不断开阔视野，没有局限在自己设定的牢笼里。而语言方面，沈老师总是能引经据典，特别擅长对方案概念的解读，让我们知道，原来答辩还能这样说。

总的说来，这次设计挑战很大，但收获更多。让我对建筑和建筑设计有了更深的理解。

黄菲柳

非常幸运，大四的第一个作业可以进入题为"马群地铁站周边城市设计"的建筑设计工作室。由于南京的规划，马群将逐步成为南京城市的副中心区，带动城东地区的经济发展。因而，毫无疑问，对于马群交通综合体与周边产业功能和空间的成功设计，将激活这一区域，从而起到辐射周边的作用。

这次作业是我自学习建筑以来接触到的规模最大，也是最为复杂的题目。题目的复杂性主要体现在以下三方面：

1. 环境复杂：由于周边的道路为城市主干道，车行量非常大且车速极快。同时在现状的场地周边为较为密集的居住区，而在今后的规划图纸中，随着学校、公共服务设施等用地的逐步落实，周边的功能将会更加混合。同时，因为地处紫金山绿线控制范围内，所以对于建筑的体量大小、疏密都要有非常细致的考量。

2. 要求复杂：在任务书中，无论建筑的密度、容积率都有明确的规定。同时考虑到整个地块内部的经济效益以及对周边较大范围内人流的吸引作用，所以在地块内势必会产生商业、办公以及包括换乘枢纽和回馈周边社区的公共设施等功能混合出现的情况。

3. 人群复杂：通过策划，可以预期在场地上将有多种人群出现，如在场地上办公的人、来场地娱乐购物的人、利用交通枢纽换乘的人等等。人群的混合与交替出现为设计增加了难度，同时，如何将人群与出租、公交、轨道交通的行车路线相结合也成为设计的一个重点。

虽说这个设计非常复杂，却是我做得最清楚也是我最喜欢的一次设计，其原因离不开老师们的认真指导。

首先，在设计刚开始的时候我们利用十一假期去日本参观了多个已建成的交通综合体项目。这次日本之行使我对于城市的认识有了很大的转变，最关键的是公共步行系统和车行系统的规划。在我们通常的认知里机动车旁边总是有人行道，需要去另一侧的时候过马路就可以了。这种情况对于小型交通干道是适宜的，但倘若遇到机动车流量大、人流量大的区域时，就会显得力不从心，此时就会兴建很多过街天桥、地下通道等用于改善交通状况。然而上上下下的步行体验显然并不舒适。由于用地紧张，日本的人流量、车流量密集问题比我国更加严重，因而日本采取了一种人性化的方式进行应对。东京的涩谷、大阪的梅田等拥挤的中心地带，用于人穿越机动车道的天桥、地下通道、地铁站、商场的地下，甚至商场的地上部分都联系在了一起，使得行人可以在行走的过程中不被拥挤的交通所困扰。这种人群的组织方式将步行系统抽离，不仅令机动车行驶得更加顺畅，也带动了周边商业的繁荣。如令人印象深刻的梅田地下步行系统，直接连通一条路线上的数个地铁站，沿路布置连续的小店铺，并用电梯连通周边商场，为地区内的商业带来巨大的商机。

回国以后，我们重新审视马群地块的特点，并认为马群地块所具有的大量混杂的人流、复杂的周边环境、较高的容积率都使得参照日本城市设计式的试验成为可能。因而在之后方案的推敲中，我们一直希望可以做出更多的尝试。

其次，老师们的教学方式令方案顺利推进。唐老师和沈老师带设计的特点是比较重视概念的完整性和连续性，同时也关照人的感受。印象比较深的就是唐老师经常会问："你最开始想要的是什么？""你现在做的和最开始想要的一致吗？"强调最初的概念大概是因为那是你到达场地或者拿到任务书的时候对于方案最初也是最敏感的理解。以前我们做设计时，经常会顾此失彼，摇摆不定，甚至似是而非地对待自己提出的概念。到中后期的时候发现，做来做去，自己最想做的那些事情好像都在一次次的妥协中被消磨殆尽了，因而也就对之后的继续推进兴味全无。而在这次

设计中没有出现这样的情况，一方面最初的概念似乎总是会成为自己比较偏爱的一个，另一方面，老师们也会逼着你想得更透彻、更连贯，因而会越做越有意思，越做越深入。

除此之外，唐老师和沈老师非常重视人在建筑的感受。所谓重视人的感受，并不是用几张渲染图推敲一下就可以了。我认为比较重要的一点是要在设计的逐步深入中，不因为对形式、构图以及空间趣味的偏袒，而对显而易见的尺度、人行体验上的不适视而不见。然后在平面图的阶段，更要仔细地考量各处空间，因为平面图是和人的使用关系最为密切的部分。在这点上，唐老师和沈老师都给了我们很大的帮助。最开始，沈老师提醒我们要注意，在我们的概念中，外部的空间容易变得压抑，要想办法进行调整。而之后，我们将大量的时间花在了推敲剖面关系与平面图的调整上。

在此不得不感慨唐老师改平面图非常厉害！唐老师一方面会在空间的调整上尊重原先的概念，另一方面会讲授空间的排布、交通的组织、室外景观的设计，甚至一些制图规范，使我们在将近三周的修改过程中丝毫不觉得疲惫，反而受益匪浅。

还要提及的一点就是在这次设计中交流方式的多样性。我们建有 QQ 群，在一周两次的设计课间隙，倘若对方案有任何问题，可以直接向老师们咨询、提问，而老师如果找到了一些比较好的案例也会上传到群里。这样每次的交流用不了太多时间，却可以起到事半功倍的效果。在这里，非常感谢老师们抽出课外的时间对我们进行辅导，并且要对我们对老师们的"轮番骚扰"表示歉意！

最后，再次感谢老师们的指导和扎实的训练。在做马群之后的题目时才发现，经历过马群地铁站如此复杂的设计之后，自己对于城市层面的操作与设计显得得心应手，同时也更愿意关注人的感受与行为。

温子申

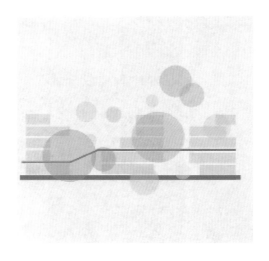

张启瑞

许州明

曾薇凌

都市縫合

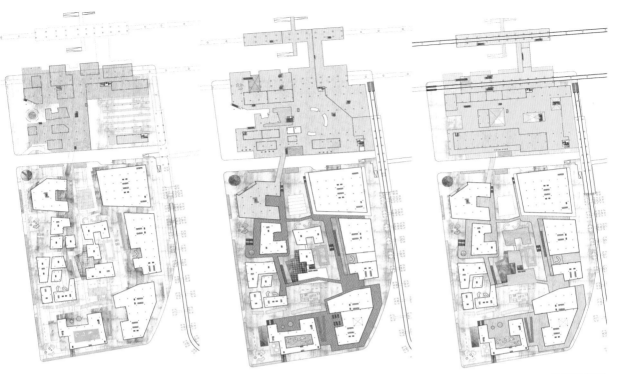

各层平面图

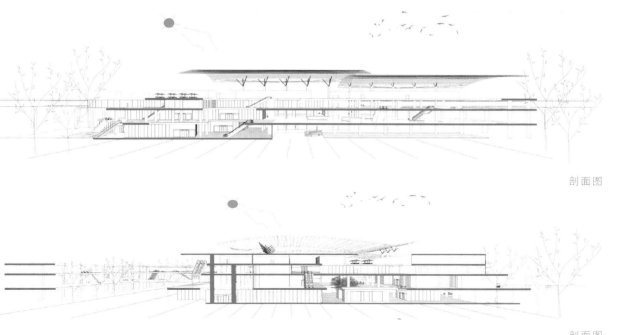

剖面图

剖面图

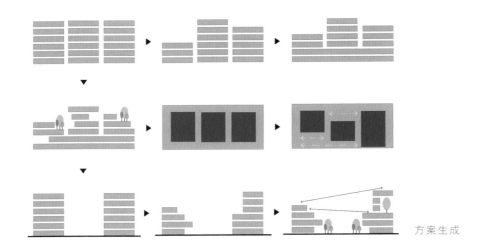

方案生成

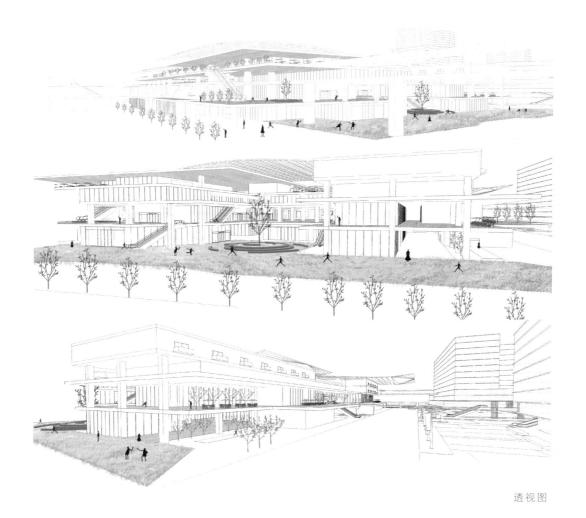

透视图

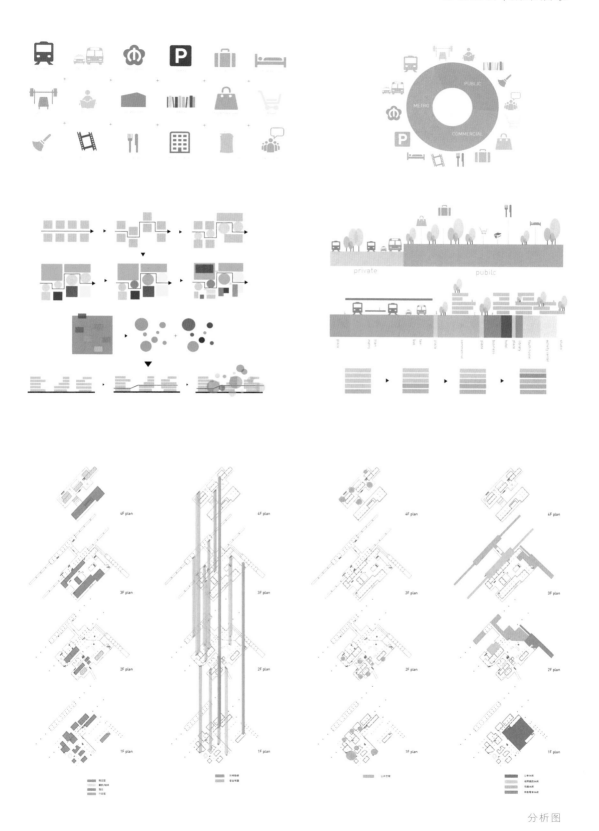

分析图

我是张起瑞，来自台湾中原大学建筑系。

从台湾到大陆

一成不变的生活很容易让我无感，每天看着一样的窗景、一样的街道、一样的人和事物都快令我抓狂，找不到任何动力、任何激情使我往前，与当初大一的我截然不同。回想大一，那时对于设计课是多么有热忱，一切的事物都令我感到新鲜，什么都想尝试。我的内心不禁纠结与挣扎：至今剩下不到两年就毕业的我就这样结束了大学生涯？最后年轻的心还是选择了不妥协，我想要出去看看，把自己放到完全不一样的地方生活、学习，重新找回当初的热忱与激情，这是我想要当交换生的最大动机。从桃园机场坐飞机到南京禄口机场，一下飞机灰蒙蒙的天空与充满喇叭声的街道是我对南京这座城市的第一印象，直到我到了东南大学校门口。一到校门口，疲惫的眼皮立马恢复元气而撑大，嘴巴不听使唤地喊着哇——，手上的相机快门也不曾停过。多么美丽壮观的校园啊，两旁的法国梧桐树直立而高耸，摇摆着油绿的叶子。我置身其中，仿佛走进了绿色隧道，身躯的疲惫感一扫而空。我心想在这里读书的学生也太幸福了吧，就算赶图、熬夜、画到吐，来这校园走一趟，迷茫的身躯也将立刻受到救赎，内心充满着对设计课的期待。

设计课的过程

很庆幸能在这组上课，这里的上课模式是分组的而不是个人的，这点与台湾相差很大。在台湾从大一到大五都是个人的设计，所以有些学生顶多会跟老师讨论而已，并不会与其他同学讨论，觉得对了就直接做下去，不会挣扎或是去获取更多别人的意见。但分组后这些情况就完全不同了，你必须与你的伙伴讨论，你必须对你的主观想法有所舍弃，你必须说服别人同意你的想法。这几点对我来说非常困难，因为在台湾根本没有机会可以让我们合作。坦白说，这样的模式有困扰到我们，为了设计起了一些小争执，让我们的设计进度很缓慢。其实最难的不是设计而是讨论这两个字，有时讲到最后会把自己的想法全部推翻，再加上我们又是三个人，所以更加困难。真的很幸运也很感谢有这样的学习机会，其实到了最后已经开始喜欢这种模式。那种与伙伴一起奋斗的气氛，就像世界毁灭也要抱在一起的感觉，比起一个人在孤独地熬夜来得有拼劲。而且在讨论的过程中比自己单独做设计学到的知识要多太多了，想法互相切磋与反思可以说是我这学期学到的最重要的功夫。我们组的设计题目是马群地铁站周边城市设计，这种大小的尺度在台湾只有在毕业设计中才看得到，刚拿到题目时我们也目瞪口呆，只能靠不断地学习来熟悉尺度，当然最后还是顺利地完成了。

总结

来大陆学习让我感触颇深，大陆的学生非常积极、上进、负责，这是我在大陆看到与台湾的学校最不同的地方。例如堂课上大陆的学生都抢前面的位置，也很少翘课，但在台湾可以发现学生都坐后面，前排几乎没有人，这真的是我们要学习的地方。庆幸能到东南大学建筑学院来交换学习，短短的时间让我对这里有了很深的情感，尤其是人，感谢唐芃与沈旸老师及翁金鑫、张丁、陈乐、温子申、陈杰、练玲玲、常哲晖、黄菲柳、叶枝、蔡陈翼、周琪、戴赟这段时间对我们的照顾。

张启瑞

2013 年 9 月 10 号，我从台湾搭乘一个半小时的飞机抵达了南京东南大学。带着一份期待，掺杂着些许的紧张，就这样加入了唐芃老师组，开启了为期两个月的设计课。在一阵慌慌乱乱、急急忙忙中开始的前两三个礼拜，夹杂在各种生活杂事跟设计课中。第一次面对较为实际的项目以及庞大的设计量时，有些不知所措，看到大陆的同学们一步步地将每次交代的作业准备成 PPT 让我们感到自己做得十分挣扎，回想起来非常感谢老师的体谅。我也因为如此感受到了两岸在设计操作手法上的不同，一开始的快题或是必须马上提出方案平面、计算容积等，对于我们来说的确是一个挑战，也让我们一开始表现得有点荒腔走板，这也许是在台湾的我们习惯从议题、从纹理、从程序开始设计的步调不同产生的差异吧。而老师每堂课都耐心地跟我们说明进度推这么快的缘由，耐心地修正我们的设计。另外，我们也看到老师们对于版面的坚持，在最后两周老师们花了许多时间修正大家的版面，这也是我在大陆感受到的比较大的差异。

总的来说，对于两个月以来的设计成果，当我回台湾后再次想起，两岸处理设计或者操作设计上的差异会是我比较大的收获，也让我思考了作为学生，在处理设计议题时，应该勇敢地去做更多可能性的尝试，而不是从快题开始或是只观察都市议题、肌理等。我想作为学生，最重要的是找到适合自己的设计方式，并且坚定自己的信念去面对今后的课题。真的感谢唐芃老师和沈旸老师，在这一过程中不论我们进度多么吃紧，还是想方设法让我们慢慢地步上轨道，最后完成这次的项目。也许最后的成果有些差强人意，但我想大家都成长了许多，不论是有形还是无形上的收获。也谢谢唐芃组的小伙伴们接纳我们融入大家的生活，大家一起打闹，一起面对熬夜，一起吃吃玩玩，让我们这半年除了上课外也认识了一群优秀的建筑朋友，我想这也是我到东南大学建筑学院来交换学习的半年时间所期待的最无形但也最重要的交流了。

许州明

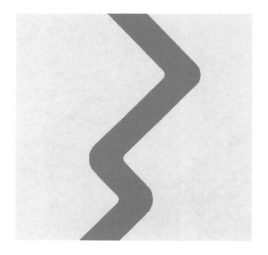

翁金鑫　　　练玲玲

GREEN GO

总平面图

各层平面图

模型照片

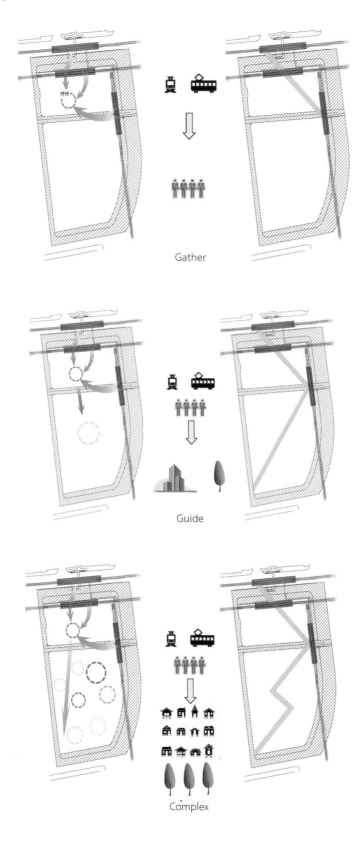

Gather

Guide

Complex

Spring

Summer

Autumn

Winter

2013 年夏末秋初，接触到马群这个课题。

其实最开始对于课题并没有特别的钟爱，没有特别的印象，只是觉得相较于之前的更加复杂、更加难以控制。为什么要选呢，我想应该是一种信任吧，或者是一种意愿，单纯地觉得跟着唐老师做方案会很愉快，也能学到很多。现在想来依旧觉得这是很重要的出发点。

关于课题
就像最开始说的，"马群地铁站周边城市设计"确实是一个很有挑战性的课题。复杂的区位因素、庞大的使用人群、各式各样的交通流线组织等等，这些不同性质的建筑要素如何融合到一个建筑方案里，不仅要恰到好处，还要满足硬性规范的要求，这必然是一件令人头疼的事情，也是一件富有挑战性的事情。怎么介入这个课题，对我们而言就显得非常棘手。当然，最后仍然是用我们最常用的一套工作方法，从前期调研到概念提出，然后一步一步地深化来解决问题。找准切入点，逐步攻克，一个庞然大物就这样被慢慢拆解了。这对我们以后处理类似的大型综合体都是一种非常值得借鉴的方法。

关于方案
首先很庆幸能够有一个非常给力的合作伙伴，这也是方案能比较顺利推进的前提。因为一直以来的概念都是希望用最简单的方法来解决问题，所以马群地铁站周边城市设计也是如此。从场地调研中发现问题，结合交通综合体的功能组织提出了最初的概念。接下来最重要的就是坚持我们这个最初的概念：宏观方面结合马群的历史地理区位，提出了概念核心，通过简单直接的交通流线

组织功能，并且加入对于人的思考，形成丰富内涵的建筑意向；微观上考虑场地的地形以及使用人群和周围环境，改变步道形式，使它和场地契合。接下来就是对于很多细节问题的思考：功能分区、建筑表皮、流线组织等。最后两者结合，生成了最终的方案。总体来说，还是比较满意的，当然也有遗憾，由于时间的限制还是有很多的缺陷，以后有机会的话，希望可以弥补。

关于导师
在大学期间能遇到这样的老师们实在是一件幸福的事儿。唐芃老师，我一直很敬佩她和喜爱她，也是因为她，我才参加这次课题。感谢的话就不多说了，我想我会一直坚持下去，加油努力，不让她失望。沈旸老师，是这次课题才熟识的，也是由于一个很偶然的兴趣爱好。沈旸老师教会我很多，从为人处世到设计学习。以上两位老师都是亦师亦友的存在，也是我今后生活中不可缺少的重要存在。这一次课题还有两位老师不得不提，那就是来自日本的北田老师和冢本老师，从他们身上学到的是一种不一样的设计态度和方法，令人受益匪浅。

关于自己
对于我来说，这次课题不仅仅是对大一到大三学习的总结，也是大学生活的重要节点。第一次中日联合教学，第一次去日本，第一次遇到这么一群像大家庭一样相亲相爱的同学们，对了还有来自台湾的小伙伴们。这也是我逐渐成熟的一段重要时光，怎么去理性地解决设计问题，怎么去一个人面对各种各样的困难，在这段时间里都有一个很大的进步，刻骨铭心。总而言之，期待和大家一起奋斗，还有说好的毕业设计。

翁金鑫

马群交通综合体建筑分为两部分：一是交通，交通是便捷交通的交通；二是商业，商业是有特色商业氛围的商业。

交通涉及不同交通工具之间的换乘关系，这里要做到清楚明确地换乘可以通过多种手段，我觉得有很多在图纸上无法表现但反而更有意思，如对人的行为习惯的探究。具体如对下车后的视距进行研究；上下层垂直交通的明确设置可以通过不同色彩、形状等进行区分，形成乘客对于交通换乘的颜色或形状印象，以提高换乘效率；路标的设置位置，就乘坐体验看，地上的连续指标比挂式箭头指标更有方向性。但因为初次做这种类型的设计，在车位布置及流通布置上花了很长时间，没有从上述出发点入手，这点比较可惜。好建筑在使用方面也有很多技巧。

至于商业，重要的不是商业本身，而是商业之间的空间和人行走在其中的感受，甚至再远一点，从在列车或公车上开始至进入马群站形成的一系列感受。我认为兼容休闲、购物、文化于一体的商业，其吸纳的群体可能是结束一天工作的白领，可能是看电影的一家人，可能是千里迢迢奔赴而来看展览的学生，也有可能只是饭后消食来散步的居民，每个人抱着不同的期待来到这里。作为公共建筑，除了设置丰富的功能空间来满足不同的需求，更应该设置直接对外打开的公共空间。在做设计时，我们想要通过某种手段来控制公共空间，又能让人对建筑的结构一目了然，不至于让人茫然若失。

在北京三里屯参观的时候看到，路的两侧分别是 soho 和 village，都是商业，但呈现了完全不同的商业风格。soho 里面业态混乱，很多商铺呈闲置状态，而 village 则呈现一片繁华景象。我想这其中的差别主要体现在对公共空间的控制上。soho 的建筑无差别，只能通过标号区分，其公共空间也几乎无差别，让消费者只可以从文字来区分建筑；而 village 有明确的人行路线，同时在路线上设置了南北两个广场作为节点，形成主次分明的公共空间，同时让人不管在步行距离上还是心理距离上都有起点和终点。对照我们的设计，我们希望通过一条流线来控制人的走向，把商业和公共活动作为发生在路途上的事件，借由景观引导人的走向。这条流线的长度堪忧，所以设置了一层开始的广场作为组织上的节点。但纵向上不允许流线有太多的曲折，所以最后的行走体验还是让人觉得略有遗憾，做渲染图的时候也看到重复场景的出现，丰富度没有得到完美体现。我想可以在步行的尺度上进行控制，在大的尺度下再有小的体验，形成两头细、中间网状的横向展开的步行流线，再在其中穿插活动和业态。

另外，户外直接的体验在三层体现得比较多，一层、二层和三层的交流应该更多也更直接。在设计时，顶层的步道参考 highline，但毕竟不同。highline 需要阳光空气的地方做成漂浮在城市道路上的花园，与城市的连接通过阶梯或者观景台解决。而我们有三层这样的空间，所以空间关系更为复杂，最后因为时间的关系这方面未考虑全面。步道和周边商业建筑的衔接也应该统一语言，让方案更加简洁明了，最后的处理显得粗糙了些。

通过这次设计学到很多专业知识，也发现了有意思的设计的出发点，希望在以后的设计中能够更加成熟、准确地思考问题并形成完善的解决方案。

练玲玲

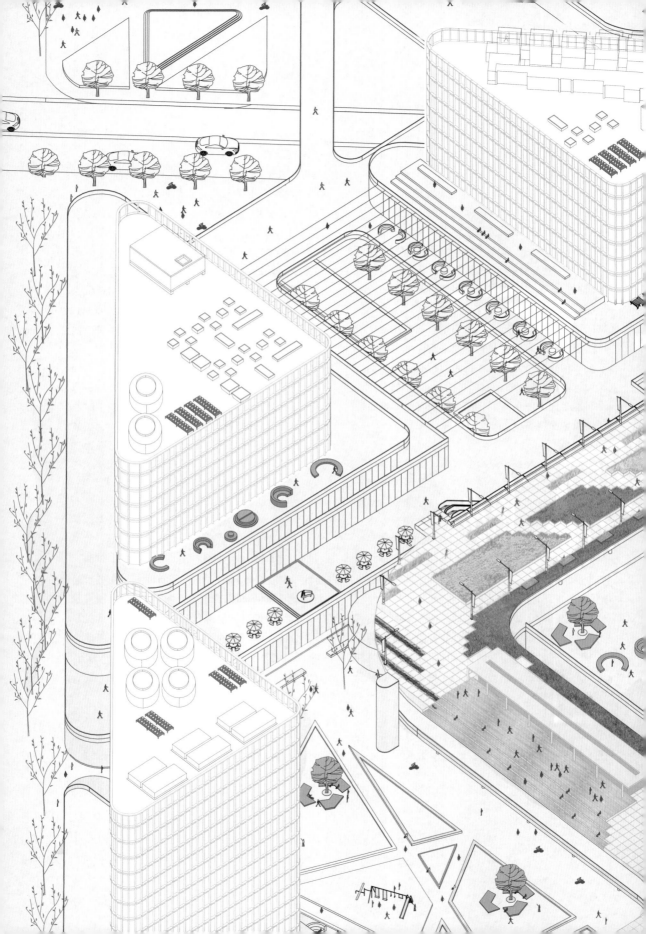

2014 年秋季四年级中日联合教学
"马群地铁站周边城市设计"
教学参观计划

主　题：日本首都圈两个都心城市设计案例解读
案例 A：横滨 21 世纪未来港：基于大规模用地性质转换的新都心城市设计
案例 B：东京丸之内再构筑：基于既有商务中心改造的多功能新都心城市设计
参观时间：9 月 13 日—15 日

一、参观准备

1. 城市设计的要素

A. 多层级街道：人工地盘与地下空间、交通动线的处理。
B. 与节点车站的关系：站前广场的性能、动线的处理。
C. 城市复合功能：商务、商业、酒店、住宅及地域设施。
D. 街区的形成：城市轴、街路、广场、历史的空间、方位、地形。
E. 绿地的创造：城市树林、林荫道、季节感、屋面 / 墙面绿化、生态系。

2. 参观案例时的关注点

A. 政策课题设定：新都心的功能、轨道交通的意义、新的价值创造。
B. 地域潜力读取：适当的功能聚集，可以提升周边吸引力。
C. 空间构成设定：城市轴线、土地利用功能区、功能分布、流线。

二、参观内容及要点

1. 丸之内地区

A. 立地场所：皇居与东京站、街道的承继关系、商务中心。
B. 丸之内仲通：宽度、铺装、行道树、交叉点广场。
C. 行幸通：东京的玄关、城市轴线、地下空间的利用。
D. 丸之内大厦：丸之内改造的先驱、节点标志性建筑、容积率配比案例、商业核心。
E. 历史建筑的保存：明治生命馆、日本工业俱乐部会馆。

2. 横滨地区

A. 横滨 Landmark Tower：平面图与设计、步行者轴线、塔楼的意义、办公楼与酒店。
B.Queen Square 横滨：Queen 轴、与地下铁的关系、功能构成。
C.Mark IS 购物中心：美术馆前 200 米的商业设施、贯通建筑中央的步行轴线。
D.Water Front Zone：开发状况与课题（含公园和红砖仓库）。

三、两个案例的相互关系

1. 横滨的经验与丸之内城市设计紧密相连

2. 丸之内的经验又反哺横滨的建设

3. 这两个案例的经验与相互关系在其他更多的项目中得到运用

2014
秋学期

东南大学建筑学院
中日联合教学

马群地铁站周边城市设计
China-Japan Joint Studio Urban Design at
Maqun Metro Station

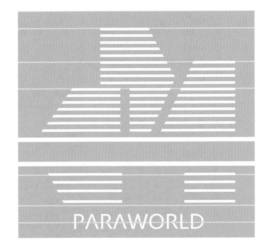

PARAWORLD

张宏宇　　　罗　西

PAPAWORLD

设计笔记本
Design Notebook

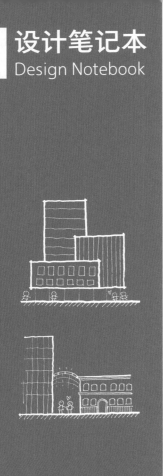

日本参观总结

PART1：城市记忆

——翻新老建筑，作为城市标本。

——原有功能改造，注入新活力。

PART2：城市客厅

——车站，可以成为人们特意约会见面的场所。

——三菱一号美术馆入口内院。

——在节点通过场地布置创造停留空间。

PART3：地面层城市共享空间

——底层穿越式商业。

——步行系统。

PART4：自然元素

——街道树。

——草坪。

——屋顶绿化。

——人工水景。

——自然水景。

■ 09 月 24 日—27 日

方案概念初步

概念一：城市舞台

城市舞台的系列空间，通过垂直分层将巨构的城市舞台划分为不同的小舞台，这些小舞台组合形成的大舞台则作为地标向周围居民展示。

概念二：城市客厅

在场地中央创造一个可供人聚集的半室外场所，相当于"城市客厅"。人们通过便捷的交通来到这里，也成为人们特意约会见面的场所。

■ 10 月 9 日

总平面设计：在底层平面，根据人流做出理性的划分，使底层有直观的功能分区，这种逻辑可以保留。

中间层的功能分区需要进一步确定。和车站的衔接关系不能处理得太生硬，可以采取将中间层延伸到车站内的做法，使中间层平面形态比较完整。大平台台面除了高层外是大片的空地，这些空地除了绿化之外还应该有一些功能定义。

上部高层目前尝试了两种做法，模型 2 中的山形高层和场地划分是比较理想的形态，更加接近概念中反映的整体形象，高层的斜面

建议做一些绿化，最好能够在结构上和底层取得对应。

总之，目前的两个模型都有一些可取之处，应该结合两个方案的优点。

下一步要做的事情一是计算容积率，还有是设计交通枢纽，研究公交车的停放和换乘，交通枢纽的设计应该会为我们设计它和平台之间的关系带来启发。

■ 10 月 13 日

1. 概念层面

"在做一个小型的城市。这个城市在地面部分是世俗的，车水马龙；在毯子之上的部分是出世的，坐看云起。"——唐芃老师

"我们今天的世界就是交集太多了，信息太多了，这样就很浮躁，很辛苦，很累。"——沈旸老师

"平行世界的联系是有偶发事件的，而这一偶发又往往带来意想不到的蝴蝶效应，这是我们的这个简单方案里蕴含的我们的终极理想。"——沈旸老师

2. 毯子下

A. 底层体量不宜过密，透出背景的"小火车"

B. 多增加一些车行道，并做一些地景设计，增加人群停留感，强化出车水马龙的忙碌感

3. 毯子

A. 结构问题可以通过自身结构的处理来解决，这样可释放出毯子下底部空间。

B. 三块不同区域或许可以做一些高差加以区分

4. 毯子上

A. 西侧的大体量不协调，要改成与东侧、南侧逻辑相同的团块组织模式。

5. 车站

A. 公交车入口出口方向对调。

B. 再设计十辆临时停车场地。

■ 10 月 16 日

1. 中间层的设计非常重要。

2. 是否绝对平行？

3. "层级都市"，贯穿联系，但是进入贯穿的建筑后是仍在"层级都市"还是在另一个世界？

4. 如何将大平台上的空间处理得有魅力？

5. 毯子上有很大的空间，怎样使中间部分有魅力？

毯子上的体块没有区别，而根据它们功能上的不同需求，办公和住宅的体块可能长得不一样。

毯子上的变化没有做出来。

底层的场地设计中应该考虑与西、南边居区的连接而做出相应的场地回应。

期过后，我们的深化也不应再过分拘泥于念，而是要试图解决实际问题。

■ 10 月 20 日

中间层：从地面层上到上层的人在通过这时候可以经过一个心情或者心态的转，这种转换可以从艺术体验上实现，也可以考虑别的方法。

高层建筑外面的世界是分层级的，对于内，我们认为不同功能的每栋建筑应先确定使用者的主要流线，再来决定建筑内是贯的还是分层级的，可能会有不同。

从地面层到上层的方法，惠良老师说应该生一种"不经意感和喜悦感"，唐芃老师议在一个组团的几栋建筑间做逐渐上升的道（空中廊道），但是由于下面有四层，常高，我们比较担心会有流线过长的问题。

平台上部的划分逻辑，可以参考蒙特利安画《柯布的修道院》。

2 号线马群站和这次的交通枢纽的连接方，这个问题在我们的方案中还没有思考过。

■ 10 月 23 日

车站：上楼电梯的数量应再增加一倍；与号线的连接应再加宽；毯子的网架结构要伸至车站端并逐渐结束，上表面再推敲。

毯子上下连接：电梯要呈散状布置，与上楼房体量布置逻辑相同；垂直绿化或者绕着底部楼房做缓坡道缠绕上升。

毯子上：做一些地形起伏，增加硬质铺地；差变化的地方顺势做一些阶梯电影场地。

底层：可以做跳蚤市场，尺度可再大一些。

的来说，毯子内和毯子上的划分和功能设是当下亟须解决的关键。设置足够有趣、理、丰富的功能及空间才可以使毯子具有强的生命力和更有利的说服点。

■ 10 月 26 日

10 月 26 日毯子层下面的设计：上面的世界

和下面的世界应该还是有距离、有区别的，不应联系得太过紧密，坡道应该只在一、二层联系，通向上面的路线应该藏在建筑内，并且建筑的边界不应该被打破，要保证有一个支撑体的感觉。

沈旸老师建议毯子上层的平面划分要打破现在均质的状态，先找到大的划分（比如道路、景观通廊），再利用蒙特利安去做小的分割；车站的结构可以参考门架的做法。

■ 10 月 30 日

1. 车站：公交车停放面积放大；改变停车进入方向。

2. 毯子中间层：参考金泽美术馆。

逻辑不要和上层一样；不要有咬合等交接比较难过的地方；家具的摆放要再推敲。

3. 毯子上：南北向通道用其他的地块将其消解掉；东西向的贯穿通道可再增加一条；中和两次的场地布置；与车站的连接不应切分得太整齐。

4. 底层：组团的逻辑可以抛弃；道路和铺地的划分，还是应该和人的行为活动紧密地联系在一起，要再看看案例，寻找一种合适的底层划分的逻辑。

总的来说，各层的场地划分和景观设计是当下亟须解决的关键。以底层尤为突出。要充分考虑人的行为活动。每一条线都要有意义。

■ 11 月 03 日

顶层：边界形态上应该更加完整，从而使轴线更加明显；车站部分，在顶上做种植，消减体量感。

中间层：车站的连接坡道做一些划分；功能上要改；活动中心和图书馆处还需要调整，活动中心处还欠一些设计。

底层：将建筑和周围延伸的平台作为主要的集市和聚众空间；建筑内部功能须解决垂直交通需求，以及服务于各类集市的办公室和服务台等等。

概念的变化：现在的平面图跟之前的概念并不是很相称，需要找到新的合理的解释。

底层——是可以接触到城市中各种各样的人的地方。

中间层——解决一些相对个人的需求。

上层——是纯粹的私人、悠闲的空间。

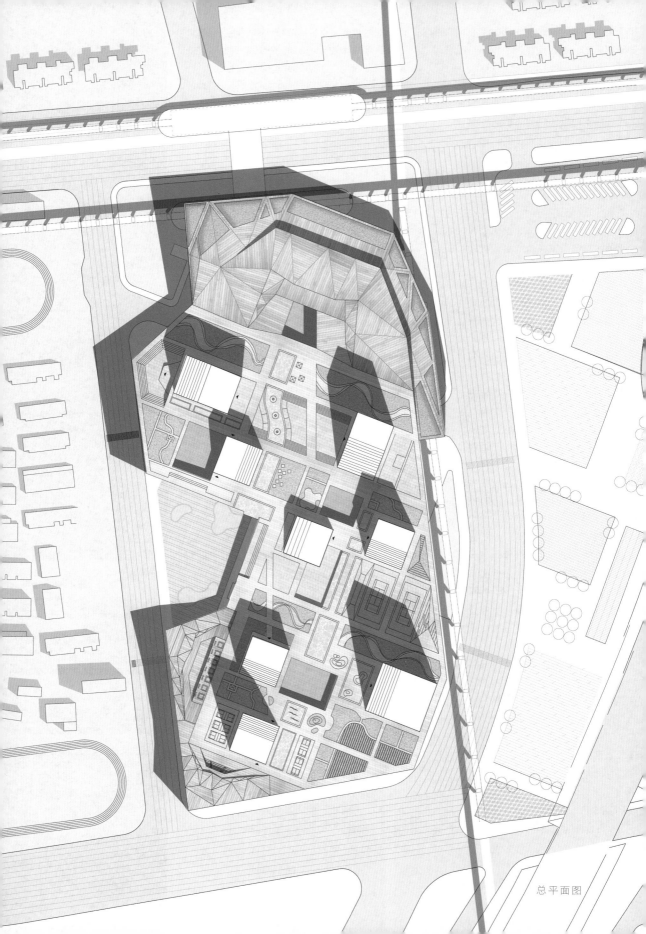

总平面图

方案生成

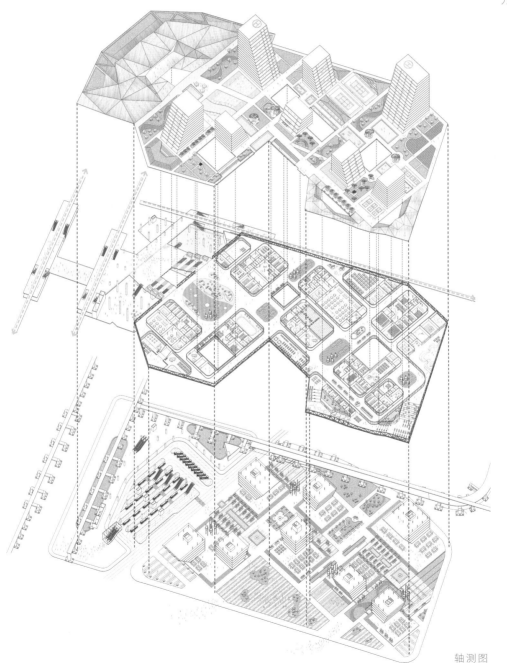

轴测图

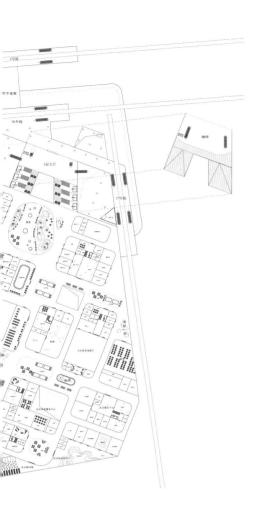

各层平面图

分析图

答辩结束将近一周，现在停下来回首这两个月的设计生活，感慨良多。

规定的两个月的设计，我们实际上提前到暑假就已经开始了。在赴日本考察之前，我们已经着手预习即将考察的项目，原本对城市设计毫无概念的模糊状态便随着案例的预习逐渐地有了大概的轮廓。我想说这次的日本之旅对我们城市设计的启发具有重大意义，身历其境地用自己的身体尺度感受一个个活动氛围、细部设计等建造成熟的城市设计是在平面图像的案例表达中所无法感受到的；同时，在本校老师和日本老师的带领和引导下，我们从建筑师、城市设计者、开发商等不同角度获得的体会是我们自己来考察时极有可能被忽略的方面。

赴日考察让我们对城市设计的设计尺度和什么样的设计是好的城市设计有了比较清晰的判断，回国后进行总结和场地踏勘，继而投入设计中。

到了高年级，随着需要解决的建筑问题越来越复杂，我们最初启动设计时的设计主题也就变得尤为重要，只有从头至尾都清楚地了解自己的设计主题，才不会在不断地解决由主题带来的一系列问题时迷失了方向。

我们组一开始打算做一组城市舞台的系列空间，通过垂直分层将巨构的城市舞台再划分为不同的小舞台，而这些小舞台组合形成的大舞台则作为地标向周围居民展示。然而在方案发展过程中，"城市舞台"的想法并未能很好地表达出我们想创造的垂直分层的城市结构的设计高度。于是，我们又引入了"平行城市"的概念。

即我们试图创造一个微型城市。这个城市在地面的部分是世俗的，车水马龙；在毯子之上的部分是出世的，坐看云起。

车水马龙的世俗是当下最常见的城市存在形式，它足够高效，且各元素之间有着高频的互动、交流，符合当下社交网遍布型的世界。而像坐看云起的出世部分当下较少存在，也是我们比较向往的一种城市生活模式。少些喧闹、浮躁，多些静谧、自然之气，有点陶渊明"桃花源记"之意。

这二者在如今的世界中同时存在，却由于其对场地等客观因素的要求不同仿佛不能在同一时空的同一空间下存在，如同无法相交的平行线。"平行城市"这个概念即试图在一块场地中同时呈现这两种看似不可能产生交集的生活模式，并试图发现二者中可能发生的一些有趣的"交集"。

随着概念的完善，我们在中期之后将精力着重放在对各层人物活动的区分细化上，通过对人物活动的不断探究逐渐将设计精度提高。当然，我们也接触到场地设计，这个前三年在设计中每次都暴露出的弱点。尽管直到最后表达出的方案中，我们仍旧被日本老师建议底层场地的划分应根据离车站和住区的不同距离而做出不同尺度的广场，但我们通过这个作业初步形成了场地设计的意识，这已经是一个巨大收获了。

再说说对这次设计的整体感受。首先，人的活动空间永远都是设计过程中被强调的重点。不论城市设计的尺度同我们三年级及之前所做的建筑相比有多少扩大，真正对这个空间进行使用的仍是人。其次，宗本老师最后在答辩时说得很对，关于成果的表现，我们已经陷入了一种过分强调效果图的误区中，在真实地表达设计的平、剖、立面方面，我们仍旧没有达到合格的标准。再者，这是我的第一个合作作业，设计过程中毫无疑问会出现意见不同的地方，庆幸的是我和小伙伴从来没有通过争吵甚至更加激烈的方式来试图解决这些分歧；取而代之，我们会客观地比较两个方案的优劣然后做出选择。以后在工作中，类似的合作将会越来越多，如何在愉快的合作中达到共同的设计目的将是今后的一项大课题。最后，整个课程从头到尾都是在一种轻松愉快的方式下进行的，这和唐芃老师和沈旸老师一直以来做出的努力是分不开的，除了方案本身，从两位老师身上学到的设计师应有的素养也令我们受益匪浅。

城市设计的课题虽然结束了，但是基于"以人为本"的关于城市设计的思考却才刚刚开始。

张宏宇

这次设计我本以为会从读一堆规范之类的东西开始，但是事实上对于我们的想法没有什么特别的限制，更加强调设计的概念性。这对于我们来说自由度很大，但是想在如此巨大的一块场地上以一个概念统筹全局并不是一件容易做到的事情，尤其是脱离了我们非常熟悉的单体建筑的生成和操作方法。我们的方案最终还是做成了"一个"建筑，我更倾向于称呼它为综合体而非城市设计，它像一个巨大的饼浮在城市中，这个方案做到了我想要的空中花园，但是我经常想这样做毕竟是有些过头了，到现在我都不能认可它。我想在如此大面积的一块场地上以一个概念做所有建筑也许是不合适的，所有的建筑都应该能够展现自己的个性，而我们没有提供这种机会，只是将它们生硬地套在一起，做成一个整体。

中期后有几次设计课我都过得很难受，因为方案发展成了我并不想要的一个感觉，它对于城市中的大多数人群而言更倾向于巨型暴力而非悠闲宁静，所以我个人认为它是失败的。我曾经想过推翻这个设计从新来过，但是考虑到张姐会用一毛钱砸死我……就算了。

最终的答辩有一些小遗憾，比如上层绿化和建筑内的功能，并导致了答辩老师的误会。在中期之后的一次设计课上沈旸老师根据需要给我们改了改概念，即从家到城市的概念，这个概念本身就有很大的问题，并且在最后答辩的时候我们只顾着这个概念完全没提最开始激发我们这个方案生成的各种要素，这也是老师质疑我们采用这种巨大结构形式的原因。

对于合作的感受，这次的作业是我第一次和别人合作，两个人少不了一些互相嫌弃，不过大多数时候还是很和平的。我们会选取各自更擅长的事情做，比如张姐更偏向文字表达和逻辑思维，比较擅长掌握大的感觉，我则更偏向图像表达和细节掌握、手工操作，在某种程度上来说我们算是互补的，于是我们就按照各自更擅长的方面来分工，这样效率高，并且最终的表现效果也不错。能够和前三年不太熟悉的同学坐在一个工作室、一起去日本耍、成为好朋友也是一件非常开心的事情。

罗　西

关于设计，在中期答辩的基础上进行了很好的发展。方案的思路非常清晰，关注点明确，非常好。当然，还有一些地方可以继续改进：底层市场的部分是否要采用相同的形式？例如从尺度上来讲，靠近车站的市场是不是要比靠近住区的市场大一些？这些场地的设计应该更多地从人的行为活动的不同来进行区分。屋顶层的场地设计也存在同样的问题。整个场地看上去还是有些均质概括，应该有更多的服务和建筑层次来展现它的魅力。两位同学最终的成果呈现非常优秀，图面和模型表达非常成熟，成果令人惊喜。

宗本顺三

这是一个有些壮观的城市设计，庆幸的是，两位同学在设计中关注到了许多细微的方面。设计思路也很明确，方案干净清楚。

还有一些方面可以继续推敲：在城市客厅层应该为从各个方向汇聚到马群站的人设计进入方式与流线，而不仅仅是从车站方向来的人，广场与建筑内的人的关系现在看来还不够密切，可以设计得更有意思。

在这么短的时间内可以完成细化到这种深度的方案还是非常令人惊叹的！

小林利彦

在南京马群场地做这样的一个城市设计，相信会成为未来南京市的一个新地标。这个想法很奇特。

两位同学方案设计的细度已经很令人满意，如果继续深化的话，可以从人的活动入手，进行更小尺度的深化，增加建筑的趣味性和文化性，使得马群场地更具魅力。

惠良隆二

我个人非常喜欢的一个方案，对当今中国的城市设计提出了一种新的思考，也给出了一种很令人惊喜的解决方案。

整个方案的设计很顺畅，目的非常清楚明确，概念新颖，推进顺利，并能很好地解决复杂的具体城市设计和车站设计的问题，是一个很成功的设计。成果表达更是令人惊喜。

茅晓东

张姐和罗西是花了很大的努力，来到这个组的，我印象深刻。之前对你们俩的实力也有所耳闻，所以把你们加了进来——牛气的学生谁不想要呢！期待着会有奇迹发生。所以平行世界这个作品是一个奇迹。

虽然表面上看起来只是一个在城市中加入巨形结构的设计，手法其实是老掉牙的，但它的新鲜感来自对平行世界的理解和你们对这个地块的独特解读。我一直很喜欢平行世界这个概念，它令我想到《平行世界的爱情》这部小说，以及《向左走向右走》和法国电影《红白蓝》等等。在我的脑海中，这个方案因为对这个世界的客观现象的合理提取和提升而变得非常有诗意，尝试在马群这个场所再现这样的世界变得非常必要。面对这样一个难题，你们的整个设计工作都一直有条不紊地进行，图纸模型等的深度在保持了一以贯之的高格调的基础上完成度接近圆满。这些都可以堪称奇迹。

最终答辩对你们作品的评价几乎是非常一致的。然而我依然默默地觉得，最终的答辩词中对于平行世界的理解，需要回到中期那个令我心动的解释中去，那才是对这个作品的完美解释。也只有这样，才能够在今后，即便你们与我们生活在并不发生交集的平行世界里，我们也依然能通过这个作品阅读彼此的心灵。

唐芃

其实我们每个人对于城市舞台这个概念都不陌生，尤其在本科三年级的演艺中心设计中，这个概念甚至有被滥用的嫌疑。然而，对于城市设计来说，城市舞台又恰恰是适合城市个性展现的基本途径之一，更何况作为地铁综合体，每天熙来攘往的各色人等，日常生活中的个性呈现已不仅仅是需要依靠舞台这个载体，舞台反倒是时势使然的结果。既然是必然出现的产物，而不是生造出来的，那么如何优化和提升才是这个设计需要解决的核心问题。

西方世界对于未来想象的各种艺术展现形式，如电影、装置等，曾经和正在为我们描述了各种试图规范和囊括人类活动的组织结构，立体的、层叠的、平行的、交叉的……但每一种或者每几种的背后都隐含着深深的眷念和感怀，甚至是哲学观的理想再造。亦即，无论图纸上的线条和块面如何组织，它们之间相互的关系才是设计的根本，更是设计者对身边观察和理想展望的综合呈现。从这个角度而言，我愿意将你们设计中的平行世界理解为一种必然，而不是巨构的形式先行。

中文中的"世界"一词来源于佛经，世指时间，界指空间。世界由可感知的、不可感知的客观存在的总和以及用于描述客观存在及其相互关系的概念总和。各种不同形态的物质，其活动都遵循一定的规律，在自己的世界进行相互的作用，从而来完成整体运行。由此，我们再去理解平行的定义，进而反观"平行的世界"。那么，"平行"与"世界"两个词之间是 or？是 and？是 of？是……？

词与物的关系，就是我想提醒你们的终极所在。

沈旸

钟奕芬 王佳玲

SYMBIOSIS

"周围环境、人的行为、社会功能、生态技术相互交融，便是对共生的理解，也是方案所追求的理念。"

设计笔记本
Design Notebook

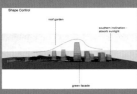

■ 09 月 24 日—27 日

1. 根据东南角的花园应与住宅结合，考虑住宅围绕花园布置，提供较为私密的交流场所。

2. 车站部分体量破坏了整体感：

车站为两片坡，保持盒子的插入感。

3. 路网混乱：

路网沿地形布置。

4. 体量置入尺度太大：

考虑重新设置轴网，对体块进行划分。驿站轴网为 6 米 ×6 米 ×6 米，住宅一层约 1000 平方米。

■ 10 月 9 日

1. 平面上主要将住宅部分与东南花园广场结合布置，商业、办公和车站部分与西北商业广场结合布置，整体形成相对私密和共用两个区域，不过广场尺度略大。

2. 重新确立轴网，网格由 30 米 ×30 米改为 10 米 ×10 米。

3. 驿站尺度一直没有推敲好。

4. 连续屋顶的上人入口不符合规范，坡度要设计好。

5. 驿站数量密集，布置在主要道路周边及广场比较好。

6. 屋顶采光问题须解决，可以挖院子或开采光井。

7. 车站和停车部分完全没有考虑，在下次的作业中补上。

8. 驿站的概念还不是很清晰，要继续深化。

■ 10 月 13 日

1. 驿站的概念一直不明确，也不太适合作为

出发点，遂放弃。

2. 老师建议做生态方面的研究，这样立意较高，也切合绿毯的形态。

3. 大楼的形态上大下小，而且过于琐碎，□新修改形体。

4. 我们希望为未来的马群站提供一种以生□消耗、休闲社区娱乐、生产自给自足和自□自销相结合的理想生活方式。这种生产型□景观设计通过场地设计、生态因素、水文□之交互关系不断地加以完善。

5. 对于生态设计，我们主要有以下三点的□虑：城市综合体废热利用；雨水回收和灰□利用；利用太阳能光伏板、建筑立面和绿□减少能源使用。

■ 10 月 16 日

1. 坡和人的行为结合得不够紧密。应该重□关注人的活动和绿地的对应关系，深入研□人的行为，把握人的尺度。毯子的作用就□提供一个复合功能的活动交流平台。

2. 容积率不够，楼的高度关系不明确，关□大楼的设计始终不满意，希望大楼与坡结□得更加紧密。

3. 主要设计出发点为城市大环境的设计，□场、坡地的推敲等；生态的考虑为次要因素□场地整体应该是多功能复合，丰富多彩，□业也应该具有吸引力。具体的建议有对南□不同植被的再现、远近景的创造、峡谷采光□

4. 考虑不同对象的属性，需要为特定的人□服务，从而深化设计。

5. 朝西沿街立面的处理，面向社区的开放□需要好好设计。

．天际线不够丰富，建筑高差没有拉开；容
织率还是不够，高层形体尽量简洁。

．毯子的形态没有更有力的理由来塑造，这
里可以考虑和水系统的结合。

．毯子的支撑结构须考虑，因为结构选择正
确，设计才能深入下去，如柱子可以落水等。

．毯子上不同的功能应考虑到分区，结合对
不同人群的活动特点做设计，不能杂乱无章。

．平面太丑，路不能出现十字交叉口，路与
路的交接要自然流畅；广场应以柔和的曲线
划分，还可以进行多个层次的设计；柱网排
布太僵直，靠近广场的部分应顺应弧线，再
慢慢过渡到正交；车站也是同样的道理，顺
应边界排布比较自然。

．关于坡上水的采光设计，建议形成几个水
气，坑慢慢下陷形成透明巨柱落到底层，既
可以采光也可以有支撑作用，还可以提供不
同的活动，如游泳池、蓄水池、垂钓等。

．"声光电"不能落下，骨血和表皮都很重要。

．车站部分一层布置：公交站场重新设计。

．广场布置：绿地须根据轮廓线控制；下沉
广场太规整，最好使重心偏移；河流的宽窄
应有变化。

．毯子下的一层平面去除路网，仅留一个水
池，其余为开放的商业空间。

．水塔设置、采光等须建模考虑。

．注意体量分布、天际线控制。

．待解决问题：车站二、三层换乘的设计；
结构柱网设置。

1. 水柱尺度小，尺度应加大，并且水带不需
要透明，会破坏水柱的光晕效果。

2. 一层的结构可以都做成水柱的样式，有的
采光，有的承重，不必高层落柱，会破坏底
层的统一感。

3. 车站部分的线条可以再自由一些，形成整
体的统一，不能太僵硬规整。

4. 高层建筑可以在坡上做转换层，不需要落
柱到坡下。

1. 毯子下面的水柱基本完成，但采光须深入
考虑，可以将核心筒部分做通透。

2. 广场部分要做出层级，可以以出租车停车
篷为一条新的毯子，延续开来。

3. 车站内部买票和未买票区域应区分明确。
车站和原马群站的连接须再考虑。

4. 其他细节如水的形态等，再改。

5. 立面上看，大楼的形态须再推敲。

1. 平面图画得太糙，模型建得不够细致，特
别是水岸边的处理要细化。

2. 一层平面画得没有章法，应该先分析人流，
留出 15 米道路，再在两边布置商店，主要
水池边布置休息观赏区。

3. 三层的高层没有划分，应画出墙体划分。

4. 高层立面划分得再密一些，尺度太大。

5. 广场、坡上景观应细化,树、植株等要加上。

6. 分析图不够有趣，有线条、图块的卖萌分
析相较完全素模型的分析更吸引人。

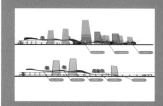

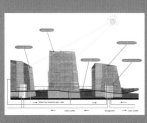

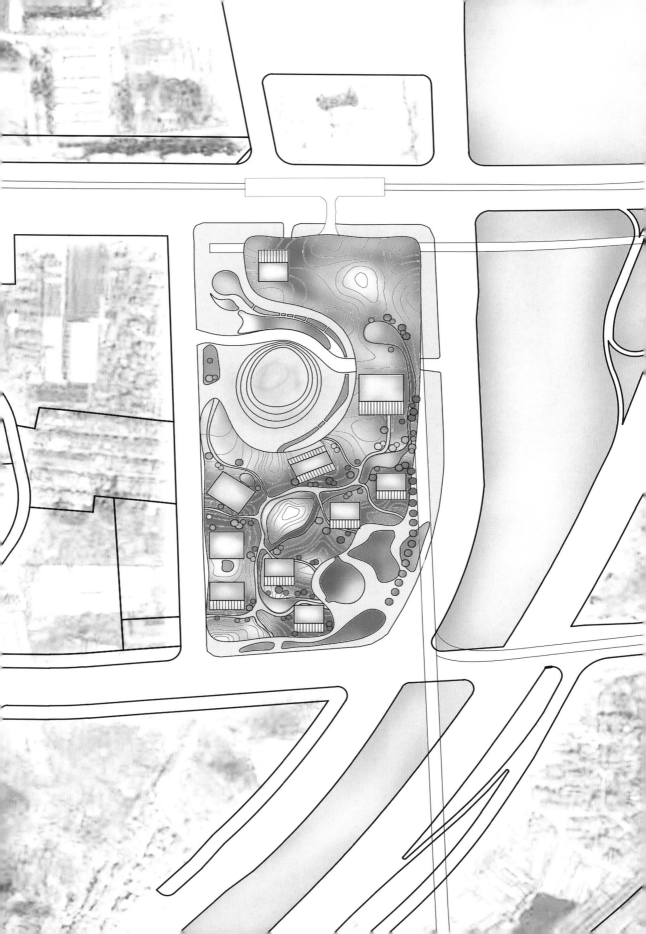

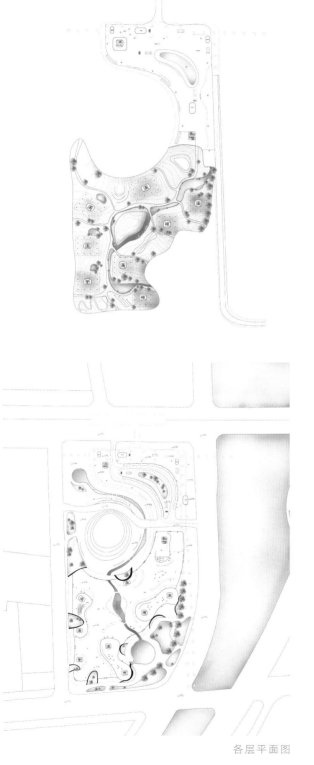

各层平面图

模型照片

透视图

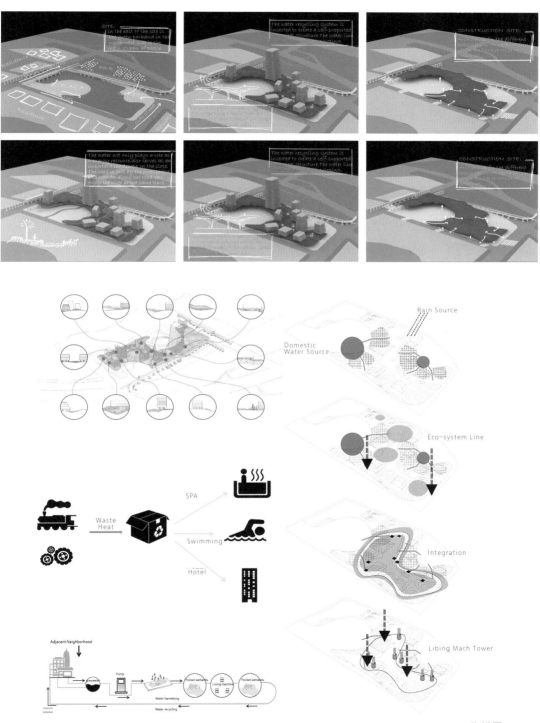

分析图

先说套话：两个月的学习，总体来说还是很开心的，有玩、有学、有吃、有喝、有养生。一开始选这个课题不是因为对地铁设计本身而是被这个课程设计的教学模式所吸引，对我来说，做什么不重要，重要的是学习的过程，马群课题算是沉溺于东大建筑体系这么久的一次释放。

再说收获：首先，感谢马群课题让我有高大上的理由说服爸爸妈妈去日本游了一趟，让我在浪的道路上越走越远。日本之旅对我来说不仅提升了对建筑的认知，也是开拓整个人的认知。在这个课题的学习过程中，见识到了一种不循规蹈矩的设计方法，这从最后同学们各式各样的方案中可以看出，发展了一种存在合理性但又不无趣的设计手法，这是最让我感到欣慰的。在技术层面上，终于熟练掌握了犀牛，人总是要逼自己一下的，还粗略了解了一下 3D 打印，虽然最后没怎么用上。这是我们第一次体验合作作业，和小伙伴的互相学习、互相沟通都是我们新获得的技能。好的合作能事半功倍，在我们这次合作中完美地体现了出来。另外在这次作业中，我们还成功地保持了正常的作息时间。当然，还有很多收获，来自于其他同学的处理手法、老师的教学手法等等，可以说，在这个任务里信息的获取量达到了巅峰。

然后说一下遗憾：始终觉得方案不够深化，还只停留在表面。但是这涉及我们对城市设计还是大型公共建筑设计的理解，所以我们一直在挣扎要不要把这个方案画到极致，几经思考后，还是决定将它作为一个规划设计。将每个小的区域的功能全部安排好，这样似乎太强迫了。而我认为不够深入是大层面上的设计问题，如：结构如何、楼房与坡的交接处的设计、具体的各种流线等有待发展；如果有时间，模型还可以做得更精致；书签可以多做一些，很多小伙伴们都想要……

最后说升华：当我们的设计有了城市文脉、人的活动，甚至于声、光、电等一系列内涵时，我感觉我们对设计的理解又更深了一个层次。今后可探讨的点会更广泛且更有意义。不管今后属于哪种教学模式下，我相信都能保持自己的一份理解，也很高兴都大四了还有机会开发想象力和创造力，仍没有泯然众人矣！

题外话：小林男神的讲座把我完全震惊到了，我们算是与他完成了隔空的握手吗？首先说明，我之前肯定没有看过他的方案，上海世博会期间因为怕挤我都没去。但是和答辩评委撞方案也让我们醉了。不管怎样，感谢小林男神的分析图。

为了凑字数的最后一段：心得感想写多了多假，就像是度娘来的，一个字一个字码到现在也不容易。心中默念，路漫漫，上下求索……这篇总结也想不到牛气的名字，唉，要不要画 logo 啊……

钟奕芬

从城市文脉、地形设计的角度来进行第一次的城市设计，令人印象深刻，这次进行了很多新的尝试，如犀牛建模＼曲面设计，甚至模型 3D 打印、捏面粉，在小伙伴的陪伴下，这些都成为可能。无疑这对大四来讲，是一个奇妙、刺激的开端。

再谈谈这次方案，从课程设计初步的角度来看，还是比较满意的，包括创造的氛围、模型、排版、日本老师的满意度。当然还存在一些可以设计深入的地方，如答辩时指出的坡上下关系的结合不够。坡上下的关系应该是互相渗透的，而现在坡上与坡下的氛围截然相反。坡上绿树、草坪、溪水、阳光和风，一派自然的美景；坡下较阴暗，没有坡上自然地渗透下来，比如坡上的阳光、风、雨水可以通过巨型伞柱渗透进坡下。特别是下午听了小林先生的讲座，他设计的巨形伞状结构柱是中空的，自然的很多因素都可以顺着结构柱进入坡下，坡下活动的人同时也可以感受到坡上的风景。这样一来坡上下的关系就紧密了。

其实我们在设计水柱时，也考虑到让坡上的雨水顺着柱子流下来，起到雨水收集的作用，同时可以起到采光的作用。不过我们没有大胆到将坡上的风和阳光直接释放到坡下，呈现出更开放的姿态，所以说水柱的作用可以再放大。另外一点是高层和坡的关系结合不深。当时的设计确实没有考虑太多高层的问题，只考虑到楼的平面布置、

天际线的关系等，当然对于这些日本老师说做得不错。不过如高层上挖的洞，应该和坡形成一定呼应关系，现在看起来就有些呆板。还有高层与坡交错的地方也应该呈现出一种更有关系的姿态，而不是像现在这样没有处理。

关于生态设计方面，有一位老师提议，生态的循环设计更应该是一种概念，而不应设计得很具体，没有发展，这一点我很认同。

总之各位老师的意见都很中肯，人也各种帅气各种萌，总之是一场很愉快的答辩。我们还缩小了图纸，做成精致的书签送给各位老师，好评如潮。

不过总体来讲，在小伙伴的给力支持下，我们组在一个多月的时间里做方案做得还是比较顺利且高效的，虽然过程有些小曲折，但是概念基本是从一开始顺到结束。地形的概念一直延续下来，从呼应场地周围的绿化和山脉等场地文脉做出发点。过程中我们去除了驿站的概念，增添了生态的细节设计，如雨水收集、中水循环系统。坡和人的活动的考虑也在不断细化。特别是赶图周一次也没熬夜，还留有余地地赶到高淳拿模型，做书签，在这一点上完爆其他组！另外感谢唐总和沈大大的倾力支持，特别感谢沈大大的 3D 模型打印，虽然没派上用场，不过让我们有了一次新鲜的体验。

王佳玲

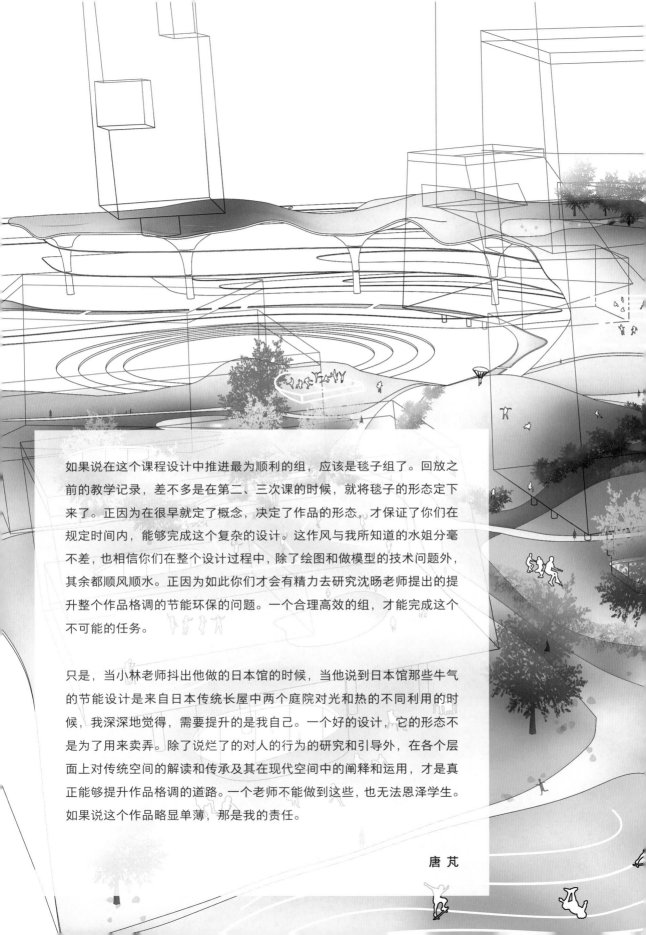

如果说在这个课程设计中推进最为顺利的组，应该是毯子组了。回放之前的教学记录，差不多是在第二、三次课的时候，就将毯子的形态定下来了。正因为在很早就定了概念，决定了作品的形态，才保证了你们在规定时间内，能够完成这个复杂的设计。这作风与我所知道的水姐分毫不差，也相信你们在整个设计过程中，除了绘图和做模型的技术问题外，其余都顺风顺水。正因为如此你们才会有精力去研究沈旸老师提出的提升整个作品格调的节能环保的问题。一个合理高效的组，才能完成这个不可能的任务。

只是，当小林老师抖出他做的日本馆的时候，当他说到日本馆那些牛气的节能设计是来自日本传统长屋中两个庭院对光和热的不同利用的时候，我深深地觉得，需要提升的是我自己。一个好的设计，它的形态不是为了用来卖弄。除了说烂了的对人的行为的研究和引导外，在各个层面上对传统空间的解读和传承及其在现代空间中的阐释和运用，才是真正能够提升作品格调的道路。一个老师不能做到这些，也无法恩泽学生。如果说这个作品略显单薄，那是我的责任。

唐 芃

最初的概念出来后，我马上想到的就是"诗意地栖居"。这句话来源于德国 19 世纪浪漫派诗人荷尔德林的一首诗《人，诗意地栖居》，后经海德格尔的哲学阐发才众人皆知，"诗意地栖居在大地上"几乎成为普世的共同向往。

荷尔德林写这首诗的时候，差不多已是贫病交加而又居无定所，他只是以一个诗人的直觉与敏锐，意识到随着科学的发展，工业文明将使人日渐异化。因为担忧这种异化，他真诚地呼唤人们需要寻找回家之路。海德格尔的阐释是："无论在何种情形下，只有当我们知道了诗意，我们才能体验到我们的非诗意栖居，以及我们何以非诗意地栖居。只有当我们保持着对诗意的关注，我们方可期待，非诗意栖居的转折是否以及何时在我们这里出现。只有当我们严肃对待诗意时，我们才能向自己证明，我们的所作所为如何以及在多大程度上能对这一转折做出贡献……"

诗意地栖居，应该是一种美好的与自然和谐相处的生存状态。仰望星空，凝视明月，泛波五湖，踏遍青山，这就是一种诗意。人与自然相亲，不必一定要居于宁静的山野、优雅的园林，只要有一颗热爱大自然的心灵，你就一定可以诗意地栖居于这个大地上。栖居，当然也不是仅指居住，其内涵就是生活。扩展开来，我们可以理解诗意更是一种发现，甚至灵感。而危险在于，我们在捕捉灵感的时候，诗意已有所丧失，凡是过多的修饰与晦涩的形容又是对诗意的一种拒绝。

如此，你们的设计中，诗意地栖居所有必需的形式、关系、技术、人文等，长短之处，高下之分，不言自明。

沈 旸

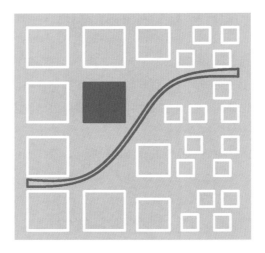

谢菡亭

应 媛

RHYTHMICITY

"周围环境、人的行为、社会功能、生态技术相互交融，便是对共生的理解，也是方案所追求的理念。"

设计笔记本
Design Notebook

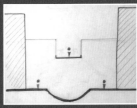

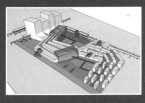

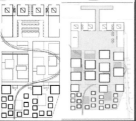

■ 09 月 21 日—28 日

出发点是建筑设计而不是城市设计。对于快与慢生活的理解，应该从整个场地的流线组织开始。比如，从车站到办公到商业再到住宅，是由快到慢的过程。再比如，车站到商业到办公再到住宅，就是快慢交错的节奏。对于快慢的策划，比如人流、车流的分开，而在人流的分类上，又有快慢之分。总结来说，城市设计在这个阶段主要还是功能分区与概念的整理，对于区域的规划，首先是流线的组织。

■ 10 月 9 日

建筑形态过于强迫，会对内部的活动方式造成较大的局限性，阻碍大空间的形成。容积率明显不够，需要进一步核算，并且可以考虑以下部的阶梯形平台为裙楼，在其上部设置塔楼。

继续快与慢这个主题，可在多个方面体现，比如道路的宽窄、院子活动策划、自行车道与整体建筑节奏结合后节奏的变化。

这次方案已经从城市设计的角度体现概念了，但在过程中，概念被弱化或遗忘了。在接下来的设计中，应该一直把概念作为出发点，一切的策划和设计都推动概念的发展，那么方案的发展才不散，不至于跑偏。

■ 10 月 14 日

快慢穿插是每个方案里都会出现的，作为概念会不会略显单薄？

回到由快到慢的功能分区，节奏是由快到慢的。在现在的方案中，对人行走路线的设定还是过于强迫。

这是全新的规划。场地没有记忆，我们的忆来自于脱离母体的一个个距离和快慢。体的解脱在世界上的行走是有空间和时间的差距的，这些差距通过大大小小的子个的组合和疏密，呈现各种各样的城市状态。虽然个体是差不多的，但是有了疏密远近有了空间记忆，就有可以识别的外部特征比如最大的高层，那是办公或是总店，最的是舒服的休息等等。这样在整个总图里可以有分区，这个分区则是建立在情感认。基础上的，而不是通常的商业、住宅、办等。那么，平凡的空间就有了不平凡的意义这才是我们建造城市采用的看似简单但是有效也最有人情味的方式。

■ 10 月 20 日

1. 对于建筑整体扭转：没必要，也不可行。
A. 一般建筑扭转考虑到阳光，也是向东扭目前的扭转为西向，无意义。
B. 可以用其他方法解决。
a. 车站：二层直接挑出，不需扩大裙房面积
b. 北立面：高楼挖洞可以是人视高度，加马路两侧视线联系；裙房在北侧做大，促城市活动。
C. 扭转不利于原有城市肌理的建筑。

2. 接下来需要开脑洞策划的方面。
A. 车站部分：大体量下可以做成城市客厅结合车站做成人来人往、交流约见的活跃所。可能几层之下就是自由柱网，促进流动
B. 商业部分：找出一个总体的组织方式，过立面的变化、透明度的变化等来使商业的规划更加富有魅力和特色。
C. 住宅部分：做到 6 层，定位是高档住宅车站、商业部分一层作为辅助功能，住宅层高度降低，以有所区别，也可做人行等。

■ 中期

. 对基地的操作应兼顾对周边的贡献。

. 通过密度递减来规划地块功能的方式可
取，概念也较清晰。但有一些问题：

. 对商业聚块的处理面临较大难度。

. 住宅容量偏少，可以考虑在办公顶部增设
住宅部分。

. 同时应考虑合理运用车站的便利条件对住
区的提升作用以及商业与住宅的连接，从而
提升住宅的整体吸引力。

. 关于住宅到商业的具体功能变化，我们希
望在住宅区还原城中村现有自给自足生活的
环境，以商业部分带动城中村就业。

中期思考：

从概念上来讲，体量变化比较直观，我们
在继续深化的时候也比较不容易跑偏。

对于北立面我们确实考虑不充分，只考虑
了基地内部，未对整个基地周边进行考虑。
我们考虑，将整个体量顺时针转动小角度，
顺应车站的斜线。这样的话，北边的城市贡
也就有了，车站主入口也比较顺当。

■ 10 月 27 日

商业部分降回 7 米，可以考虑把环放在 4
米左右的高度，促进院子的高度。甚至可以
与住宅区直接相连。

院子的开洞应该是由建筑轮廓错位形成
的，现在在建筑下开洞太死板，不可取。

高楼与商业区的建筑形体脱节，可以考虑
天桥或者其他方式加强整体性。

4. 中间的塔楼最好做得一样高，可以退让核
心筒的位置，把城市之门做大。塔楼的地盘
降回和商业建筑一样高。

总之，现在的深度不够，需要在建筑立面等
方面考虑整体性变化。

■ 11 月 6 日

1. "城市之门"
A. 目前门内没有内容，显得无趣。
B. 车站三层直接与商业连接。
C. 三层下车应该有更直接下到二层的扶梯。
D. 门两侧可以采用叠涩的方式处理。

2. 艺术中心
A. 可以压得更低一些。
B. 若要做成悬浮状，将中间的玻璃往内部退。

3. 入口空架
A. 可以让它成为表演、活动的场所，使它更
有内容。
B. 面对商业，让它成为一个标志性的中心。

4. 7 米层
A. 7 米的大台阶可以适当缩小。
B. 绿化咬进建筑内部，商业面积可以再小一
点儿。
C. 商业一层开门应该有多处，甚至全部打开。

5. 车站部分
A. 开车的地方均需要改成 6 米转弯半径。
B. 地下停车出入口具体尺寸、下坡等查规范。
C. 换乘大厅内部延续块状的方式布置，将商
业部分的布置方式延伸到车站内部。

6. 自行车道从西侧上比较好

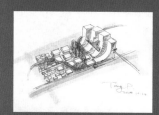

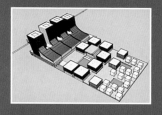

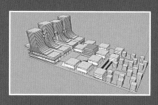

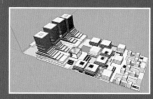

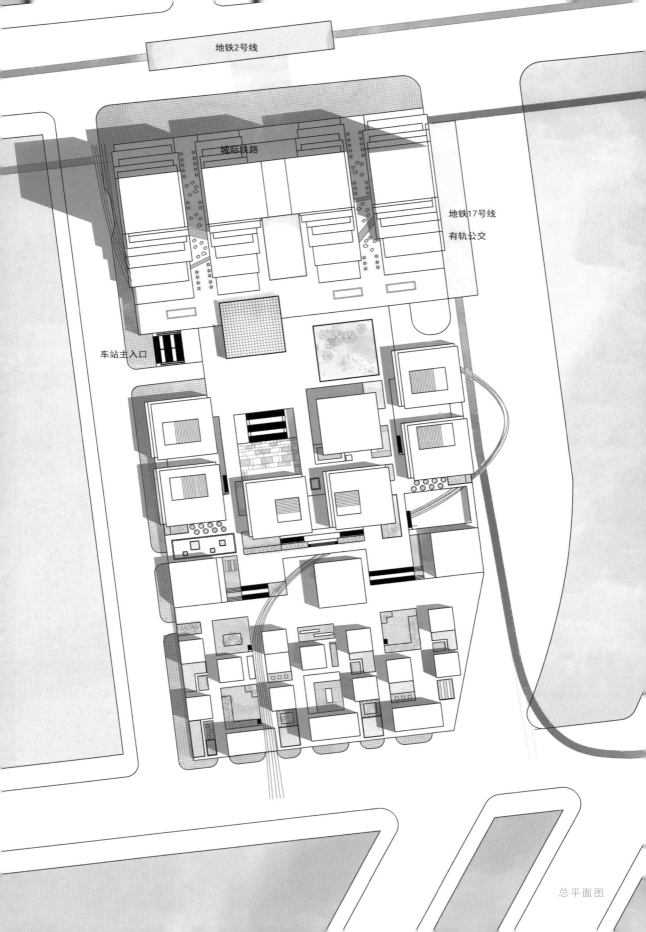

地铁2号线

城际铁路

地铁17号线

有轨公交

车站主入口

总平面图

各层平面图

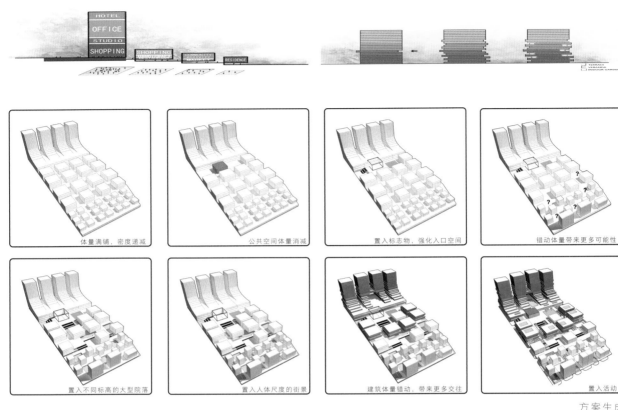

体量满铺，密度递减

公共空间体量消减

置入标志物，强化入口空间

错动体量带来更多可能性

置入不同标高的大型院落

置入人体尺度的街景

建筑体量错动，带来更多交往

置入活动

方案生成

透视图

剖透视

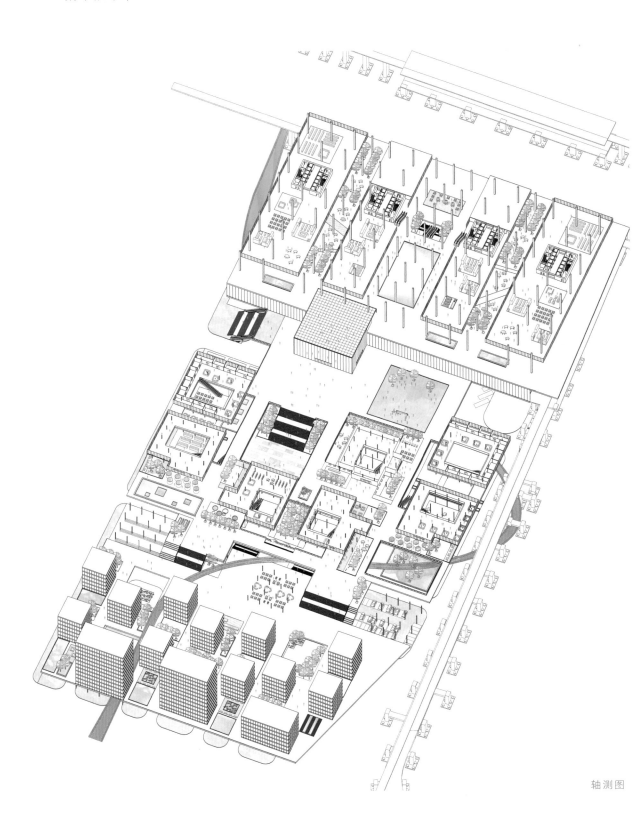

轴测图

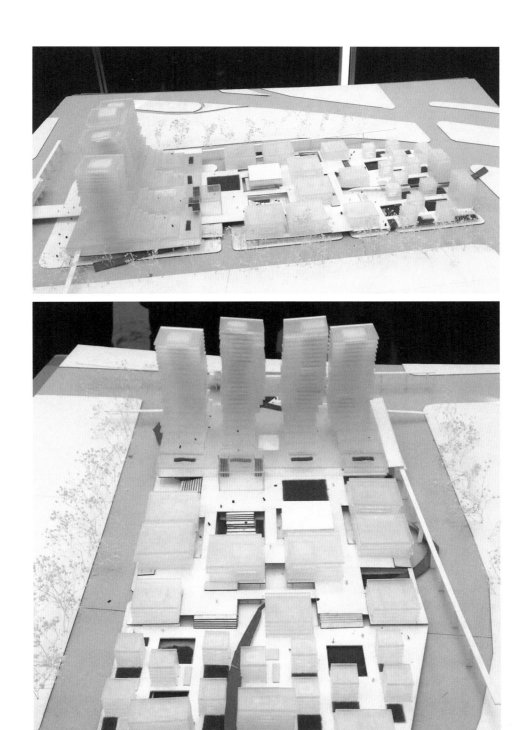

模型照片

总的来说，这是一次非常开心、刺激的方案过程，条条框框的限制很少，开脑洞的兴奋之情贯穿始终，和小伙伴的合作也相对顺利，并且有两位老师细致又不至于束缚的引导。这几乎是我迄今为止整体节奏感最好的一次方案。最直观的就是，我作为一个拖延症晚期患者两年来终于第一次在答辩前一天回宿舍睡成觉并且按时交图了！

关于课题

在本次方案中，我们组最初选择的就是快与慢的概念，希望能给当今快节奏的城市生活带来一个缓和下来的机会，并将快与慢的生活融合起来，营造更有人情味的街区环境。但不幸的是，马群方案是我们第一次接触城市设计，因此在刚开始的两三周里我们对这个方案的尺度基本毫无概念，并没有从以往单体建筑的设计方法中转变过来。直到中期之前受到了唐芃老师手绘图的重大提示，才算认清了大致尺度并将整体的形式正式确立下来。不过在确立下来之后，我们就推进得比较坚定了，其间也逐渐认识到了城市设计与建筑设计之间更多的区别和联系。例如，同样作为生活方式的容器，城市设计由于其所容纳功能和人群的多样性，需要给使用者留有更多自发的机会；又如，单体建筑的标志性往往在于功能主题的彰显，而城市设计的标志性则体现在凝聚城市人群的某种精神中心。

关于两次答辩

在两次答辩中，几位日本老师给我们提出了很多中肯的意见。其中，除了需要进一步增加商业区活力外，印象较深的三点主要是：1.打破北侧的壁立千仞以接纳北侧的城市，使其通透并缓和；2.策划利用北侧高层高密度的建筑收益带动南侧低层低密度建筑区域的开发；3.将快与慢的过渡纵横交织，而不只是局限于南北方向上。个人认为，以上几条都是基于城市的非常有启发的建议，也让我重新开始站在更宏观的立场上去思考建筑对于社会层面的影响。为了"上层建筑"而建筑。

关于合作

这是第一次和小伙伴一起做方案，本来担心可能会出现麻烦的矛盾争执，所幸的是，我们从始至终都比较容易达成共识，合作顺利，且在讨论之中能更好地理清思路，避免不必要的纠结。非常感谢我的小伙伴，在小伙伴的督促下我终于成功地改掉拖延症。此外，或许是因为之前日本之行奠定的基础，整个工作室成员的关系格外亲密，促使大家的各方面资料、素材快速流通传播，这亦是合作的益处。

关于我不是在拍马屁

最后，我特别对两位老师表示诚挚的感激，绝非客套奉承。两位老师不仅在带方案设计时对我们极力地投入，而且私下也和同学们打成一片，这样的良师益友实在不多见。此外，两位老师丰富高效的生活经验让人佩服。

相比于做个靠谱建筑师，做个靠谱的生活家恐怕才是我真正向往的！

谢菡亭

每次交完图都有种恍若隔世的感觉，一方面归功于赶图周日夜颠倒的血色浪漫，另一方面大抵是因为一直心心念念的方案突然结束了不知如何抚平活跃的神经。于是，一周以上的放空状态开始了，似乎也忘了怎么从头开始做方案。这时候写篇总结蛮好的，再过阵子可能又被另一个方案洗脑，卷入另一轮头脑风暴中。写总结已成为一种习惯，每次设计课后我都会写一篇总结，虽然大多数内容只是从老师的言语中寻章摘句。每课总结一次，把思路理顺，不会纠结，一下课就开始给自己布置任务，知道上节课做到了什么程度，也敲定下节课要做到什么深度给老师审阅。这个任务从时间上来说不算短，短学期的测绘基本把组员都绑定在了一起，之后的日本行更是促成了小组吐槽会的默默成立。但是设计课一步步有节奏地往前推进，做着做着竟忘了时间的存在，仿佛昨天还在日本，还躺在长野的草地上悠闲地晒着太阳，商量着晚上吃什么。

日本行对我而言意义颇大。单从出行来说，这是我第一次出国，从飞机上俯瞰日本夜色的时候一阵阵激动，灯光如星，车行如蚁，城市比想象中美。从参观来说，每日的城市暴走虽然辛苦，但一路步移景异，内心的期待和好奇早已掩盖掉了双脚的疲累。干净、生活节奏井然有序是日本给我留下的最深的印象。无论天空、地面还是热心的指路人，都给人一种清爽的感觉，而后奠定了一种轻松明快的基调。关于生活节奏的一些想法，跟小伙伴达成共识，这就是对"快慢"节奏的提炼，后来也运用到了方案中。可能"快慢"的概念作为一个城市设计的核心不是那么充足，或者不那么高端大气，但关于节奏的感受，确实是我们作为人的视角和尺度对城市设计最深刻的解读。快与慢，流动与等候，看与被看，通过与滞留，我们总是想从人的活动和行为出发点来找到方案设计的主线。

正如老师所说，我们俩总习惯于用建筑设计的手法来做城市设计。我们太关注于人的行为与活动，甚至有些强迫。所以，开始几周的方案对人流线路过于执着，死守快慢的节奏，让方案完全没有流动性，像是一栋建筑而不是一片区域的规划。中期前一直处于摸索状态，从起先的车站部分漏斗状的形体操作到后来类S形的人行通道，我们俩一直处于否定与自我否定的状态。总是两个人手舞足蹈地想象了很多人群活动的快乐场景，然后突然反问："怎么体现快慢的概念？"纠结终止于中期前唐芃老师给我们画的那张草图。一开始，我们俩都觉得这样简单的体量处理是不是太直白且无聊了，仿佛设计已经做完了。可是后来细想，概念其实就应该最直接地表现出来，后面的方案也证明，正是这样清晰简洁的概念，才让我们一直没有跑题，一直深化下去。中期时，日本老师对于均质的方盒子商业部分能否产生商业的魅力提出质疑，之后我们在这方面花费了很大的精力来研究。我们的处理手法是在不破坏建筑方块体量的基础上在底层挖院子或是在步行系统那层将绿化深入建筑内部。最终答辩的时候，老师们的建议又让我们豁然开朗。在置入自行车道时，我们耗费了大量时间计算柱距等，以便让自行车道的穿越不影响建筑本来的体量；在东西两侧的街道处理上，我们也死守边界，让快慢的节奏在一个轴线上保持完整。然而，老师们提议，如果在现有体量高低、密度变化的基础上，根据周边环境、自行车道等活跃性的要素对建筑体量有一个相应的改变，使交接的边缘不那么生硬，似乎方案会变得更有意思。另外关于城市大门，老师建议，把大门作为一个整体来设计，而不是建筑间的门洞。总结来说，我们太执着于概念的体量，没有能够在概念的基础上整体地考虑场地，考虑周边环境对建筑本身的影响，让设计显得有些孤立，变化仅体现在单轴线上。

有种刚发现新大陆就结束的感觉，一场答辩在聚会中度过还真是史无前例。设计嘛，自己开心就好。感谢老师和小伙伴的陪伴，一路确实有很多感悟和成长，选择这个课题的我真是无比机智……感恩、感谢！

应 媛

总的来说这是一个连续、明确的方案。对于快慢的想法很好，但是对形体和与周边场地关系的处理还略显生硬。

首先，快慢的节奏可以跳出单轴线，从多个维度考虑快慢的问题。现在作为很抢眼的自行车道可以做得更加丰富一些。

其次，在处理建筑和周边场地的关系上，可以再灵活一些。现在的处理基本上是严守着场地的边界，其实可以在某一些地方有一些结合场地的切口，甚至是异形的。

宗本顺三

方案从日本参观的感受入手。在学习了几个案例、得到一些灵感后用于方案之中，成为贯穿的主线，使概念清晰又连续。

高层之处的城市之门，让它作为一个地标是个很不错的想法，加入城市客厅的想法，使得方案真正成为一个城市的设计而不是建筑的设计。一些 soho 的想法也值得肯定。如果城市之门能够从空间、活动的角度进行设计，或者说，把城市之门不仅仅理解为一个单纯的门洞，而是有一定的深化和提升，使概念有个提升会更好。

惠良隆二

方案概念很清晰。

从整个开发的经济性来看，先开发北边的商业，取得一定的收益之后再反馈到南边的住宅区，开发一些高档住宅，从长远来看，这是一个很好的城市设计方案。商业部分的方盒子虽然形态上较单调，但庭院和商场的组合还是很有新意的，也能赢得一定的吸引力和聚合性。

小林利彦

这是一个很"实战"的方案。如果这是一个竞赛方案，是很有可能中标的，很现实的方案。

从概念来看，十分清晰，一般来说，概念清晰的方案才能在短短几分钟的时间内赢得甲方的认可。从与基地的关系来看有两个问题。一个是与北边居民商业区的关系，一个是与城中村的关系没有太多的考虑。

茅晓东

快慢组的小伙伴我之前都听过名字。谢菡亭的二年级国际学生交流中心是我答辩的，做了一个与众不同的不是方盒子的建筑，有印象，还有就是每年建春的献唱。对于这个不很了解的组合，我有期待。你们最开始提出的快慢的概念也令人诚服，应当是有理有据，算是一个理性的开始。然而不熟悉城市设计的你们，在从概念到空间的过程中卡死了。几次课下来我都挺无语：对于这种现象，除了跟你们说要从城市设计的角度去思考问题以外，我也说不出什么来，我感觉到很无力。果然图纸是诠释真理的唯一标准，在我的一张 20 分钟草图出现以后，你们终于走上了正轨，而这时已经到了中期。这件事促使我在反思在刚开始的阶段讨论方案只用 PPT 和口述而不画图是不是不科学。

你们果然是建筑空间的高手，总体方案定下以后的几番操作已使整个规划像模像样，体块的穿插、切削、移转都得心应手。只是对于场地整体性和灵活性的把握稍欠。但我相信这个课题的训练已经足够让你们打开视野，了解城市设计的基本手法，在后面的设计中更加游刃有余。

唐芃

从城市生活节奏的感性认知入手，这本身就很危险，所指与能指如何指向和落地，看不见、摸不着，所以，一开始我并不看好你们的概念。加上你们之前对于城市尺度认识的不足，我心有惴惴。好在，你们在后期提高了速度，并把快慢夸大，成为你们的概念。我看到你们排出的平面时，还是很惊讶的，惊讶于你们设计的速度和张力，从总图来看，真的很城市。对于最后的成果，我同样很震惊，没想到会达到这样一个酷炫的效果，大剖透视的图纸排版很具冲击力，你们听取了我的意见也使我很欣慰。特别是你们的总结，虽然稚嫩，但明示了你们对设计过程的了解和设计深度的理解，既有人情也有认真的思考，我很满意。

我们需要反思的是，什么样的概念可以成为设计的概念。如一个石头看起来很轻，这个就是。石头，有密度，无论从哪种感觉予人的是重量感，可是看起来很轻这是只有经过人为过程才能实现的，这个实现是经由设计作为过程的前提的。快和慢，可以从哪些感觉来获得呢？是不是除了速度，还有很多通感？如压迫和疏朗、狭小和高敞、紧张和放松、快车道和步行街等等。也就是说，跳出固有的语言桎梏，类似于"坐地日行八万里，巡天遥看一千河"这样的诗句，不也是在解释快和慢吗？进而，我们回到设计本身。密集的高层、低矮的多层、重叠交叉的交通，这之间穿梭的节奏怎么把握，似乎才是设计突破的症结所在，而中间那条飘逸的红带子，才有了存在的意义和自圆其说的形式，否则，只是刻意为打破规矩的无聊一笔。

沈旸

杨天民

陈咏仪

集·事

"周围环境、人的行为、社会功能、生态技术相互
交融，便是对共生的理解，也是方案所追求的理念。"

■ 09 月 21 日

1. 先斗町

街道宽 2 米；两侧层高 2.4 米；店面 2~3 层居多；店面宽 3~5 米；街道高宽比 6∶5；店面高宽比 8∶5~6∶5。

为了利用城市景观资源和道路及停车资源，在小巷两侧开辟狭窄的通道。由此使得周围的一切都开始为这条繁华的商业巷服务。小路宽 1~1.5 米，大路宽 3~5 米。在小巷的间隔中插入片段的开阔地，满足防灾疏散的需求，同时也给窄巷以有张有弛的节奏感。空地约 10~20 米宽。每一家店铺都需要有自己独特的领域感，使得顾客在进入时感到舒服。也给街道以目不暇接的节奏。店面退入宽约 1~2 米，面宽约 1.5 米。

2. 锦市场

街道宽 6 米；两侧层高 3 米；店面 3~5 层居多；店面宽 6~10 米；街道高宽比 5∶2~9∶2；店面高宽比 9∶10~5∶2。

由于 6 米左右的宽度已经足够人车通行，故锦市场与周边的联系是街道性的，以街道直接与城市道路连通。在繁华市场的间隔中插入后退式的开阔地，满足部分店铺人流量大的需要，同时也给市场中购物的人流以休息、停留、约见的空间。空地约 20~25 米宽。在 6 米左右甚至更宽的室内街道上，有的店铺将店面外伸，将货物堆放到街道上，有的将店铺后退，留出入口空间。两种都清楚地标示了店铺的存在和领域感。

■ 09 月 24—27 日

1. 关于清明上河图

A. 采用一个环串起整个长卷是可以的。但重点是环上发生的事件和周围楼的对应关系。

B. 事件与周边场所有看与被看的关系。创作环上的序列就意味着要策划周围的功能。

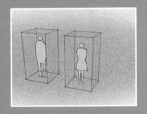

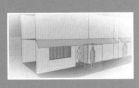

C. 车站和环的连接如何，需要进一步思考。

D. 住区的体量和办公楼的体量应该有形态的区分。住区的体量可以拆得更小，增加环的接触点，多一个点就多一个叙事的可能。

2. 关于集事

A. 要营造集会场所可以延续"人立方"的析思路，关注人体尺度问题。车站多的是人左右的空间，思考此类空间的不同氛围。

B. 推敲集会场所的开合关系。在办公、商业、住区三种功能类型的体块中，应该有不同大小和氛围的集会场所。

3. 小组问题

A. 地面公交车如进入内部广场载客需要多少面积，载客区和广场区是否要有一定分割（否则影响广场的活动）更进一步，如不让公交进入红线内，地面公交载客是否可在地铁 2 号线和城际铁路之间的路上解决。

B. A、B 地块之间的道路性质是怎样的？于大车流量的道路主要承担何种交通职能。

C. 中间的大环是一个整环比较好，还是多几个小环串联好一些？

■ 10 月 9 日

1. 建筑布置应该与场所事件发展有关，目看不出明确的分区集合的关系，广场、交节点、街市、住区等应该更切合之前的出点来组织它们的起承转合。明确概念必须程围绕环路展开，是在连续的空间上因为同尺度、不同氛围的环境而发生不同的事件。

2. B 地块内体量太均质，住区应该更私密，商业空间则要与环有更多面的交流，更加放，以及核心建筑有点堵心……

3. 环路不应该分开而是将场地串联起来，

个环之间在视线和空间上应该有一定的联系。不要分叉！！！绕回去！！！

环路的流线必须和建筑室内空间结合，以及更多的重点应该放在车站边最主要的环上，激活它的空间使用价值，在旁边设置更丰富的活动（而不是傻站在上面绕圈圈走）。

广场和公交站结合，主要解决人流、车流如何分散的问题，以及怎样不影响其他人在场地中的活动，公交车的停放与换乘要有方案来解决。

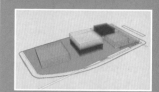

10 月 13 日

关于"概念的继承"

最初的起源是从对人集合的分析开始的，也就是涉及尺度、场合以及由此承载的事件。不要忘记自己的出发点是集 + 事，要把集和事两件事在方案中的位置计划好。

概念中心：人的集合 → 发生事件 → 空间排布 → 环带串联。

大大补充：串联事件的不是单纯线性的长短，而是可以有空间上的扭曲，可以回头，可以上下，可以不相交，可以随时对话沟通。

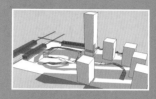

关于"还要不要细化那个环"

环的尺度是不是有一点过大？宽度 20 米的环，如果不做设计，会显得有些傻、大、空，没人喜欢经常去一条高空跑道上游逛。环的细化也是帮助完成集和事的关键。环的宽度涉及尺度，尺度又涉及氛围，氛围导致事件。

关于"哇！这体块！"

环上串联的体块有大有小，也体现了一种城市发展的生长性。但是体块的大小、朝向基本形状还要再商榷。容积率不能破坏整个方

案的感觉，要有紧有松。密度该大的地方让它紧凑起来，留出空来，不要把房子机械地铺满整个场地。

10 月 16 日

1. 关于场地到底是什么形态

之前采用做加法的场地操作形式，对建筑与建筑之间的空地，在与环相接的以外空间并未做太多的考虑。尤其是最初"人立方"的出发点在于街道尺度对于城市氛围的影响，而现在的方案除了在环上以外的空间，并不能体现这一点。

2. 关于尺度区域的细分

下一步的精细化设计，在人流的尺度问题上要更多地思考广场及复合形态的功能如何分区，并且需要考虑更多的绿化（现在的绿化基本就是乱来）。

3. 关于心塞的地标

作为最标志性的建筑，现在除了高完全没有体现出其他的特点……它需要更多的自身魅力及特殊的吸引力，在车站侧的高层如何处理它们之间的关系，怎样让它控制整个场地而不是堵在场地中间……

4. 关于车站的流线

还是老问题，人到底怎么走……主要的入口和疏散通道、垂直交通的位置要赶快想。以及与原有 2 号线地铁站的连接，目前想法是可以将环带延伸过去，作为我们整个串联的延续（还没想好，再议）。

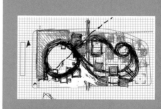

5. 关于第五立面

因为高层的存在，所以会有鸟瞰的视点形成的第五立面，如何结合容积率和建筑形态进行设计是另外要考虑的问题。

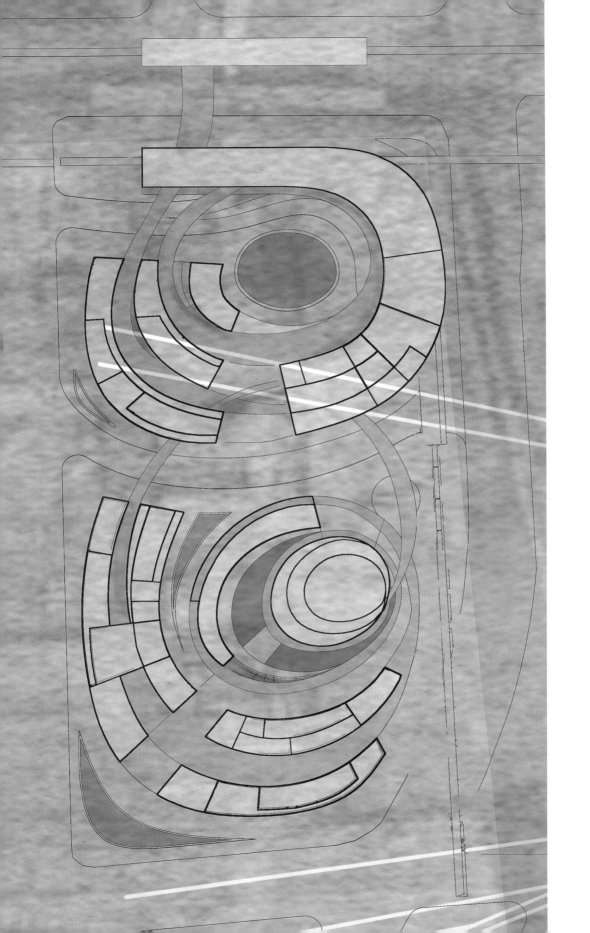

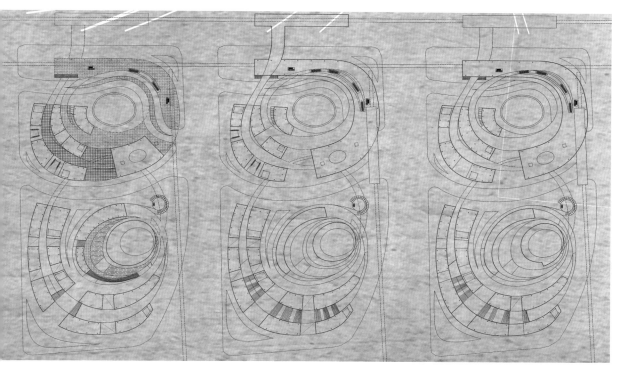

各层平面图

透视图

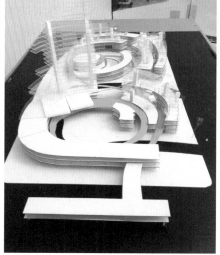

模型照片

透 视 图

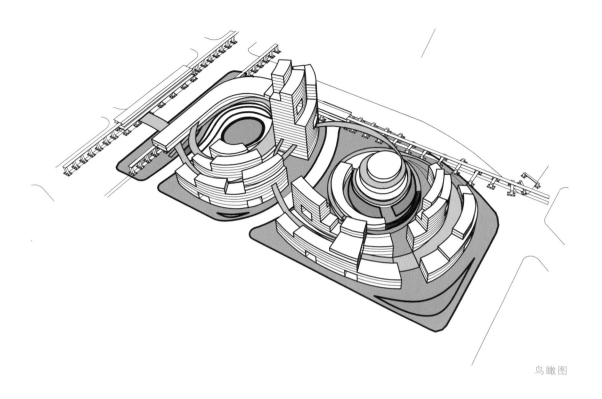

鸟瞰图

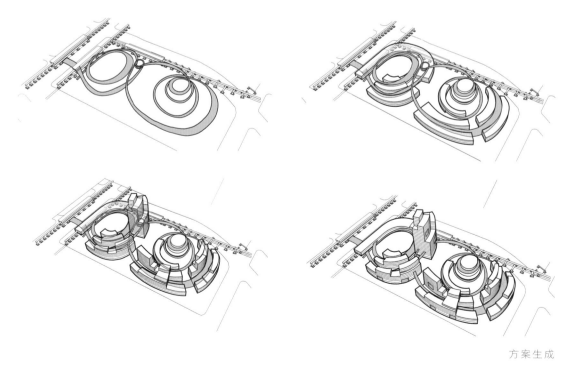

方案生成

日本游览的行程相当紧凑和精彩，每一天都是八个小时的暴走，一边参观一边听着解说。一只手做着笔记，另外一只手还要拿上相机，单手调曝光快门，然后对焦迅速地咔咔咔。每天回到宾馆都带着疲惫的皮囊和耗尽电力的相机。能够亲眼看到经过精心设计的建筑，并听到建筑师的亲自讲解，实在是非同一般的经历。由于不仅仅参观了众多现代建筑，也游览了许多古代建筑，对我们来说实在是双重的精神食粮。

我们的设计概念确定得比较早，也很明确。想要做一条连续不断的长卷空间，用人的尺度去控制长卷空间上不同氛围的营造。最终达到一个含有不同集合活动的序列。中期之前是把概念更加细化，慢慢落实到体量和环路上，这是一个试错的过程。排除了许多不合适的做法，最终得出了较为合理的体块和环路。

中期时，两位日本老师提出的改进意见是：体块要更加完整。只有体块完整些，才能够形成两边建筑夹着中间环路的宜人空间，也才可以用得上尺度去探讨空间氛围。这一指导进一步地明确了我们方案发展的方向，我们着力从咬合在环路上的细碎体块，转向夹着环路的完整体量。

中期之后，由于团队协作不是很得力，在体量与环路的过程中停留得过久。原本应该向下细化、深入的部分并没有能够得以发挥。此时，老师给了许多建议，其中影响最大的一条应该是将大体块切分，并非横向切分为小块，而是纵向切分成条，使得体块如同年轮一般围绕着中心的广场。我们都觉得，这样的体块方式最利于实现我们提出的概念，并且也解决了城市尺度中建筑体块过大的问题。

我觉得在赶图周中最大的收获，就是学到排版应该与概念相融合。在大一到大三时，我们大多采用一个固定而无趣的版式，将任务书要求的所有图纸平铺上去，图与图之间没有联系，而整张图也不成体系，甚至色调也不统一。而这次设计教会了我们如何将已有的图整合起来，达到 1+1>2 的效果，教会我们整张图是一体，而不是分开的五张 A0 图纸。

如果能够让我接着做，我会拾起中期之后的思路。先做整块基地的功能策划，根据功能规划出不同的空间节点。根据不同空间节点的氛围，分析需要的环境和尺度。其后再返回到大层面上，统一整个场地的格局（一个商业圈、一个文化圈）。然后将环路细化，使其一条分为几条，几条又合为一条。最后开始细节和小空间的设计。可惜的是，此情可待成追忆，只是当时已惘然。

杨天民

关于这个课题，其间的曲折实在不想再多提，总体来说，这是非常开心或者刺激的两个月，从一开始去日本，到完成时答辩的聚会，在吃喝玩乐中学习成为我难忘的一个经历。在最后的总结中，想多写下一些励志的文字。

合理有趣地做设计是大四伊始马群组教会我的第一课，同学们真正做到脑洞大开，抛开东南大学的方盒子体系，在设计中真正地倾注情感。我们会想象自己在马群生活将是一个怎样的状态，这种想象让我们的方案呈现出不同的形态。我希望能在方案中更好地体现人的作用，包括在尺度和活动性质上的。然后在里面放入很多自己喜欢的想法，把自己获得的一些好的体验融入方案之中。比如从京都站的大通高建筑前后俯瞰城市，我仿佛遗失到了地标里；悠闲的人在环带上观察其他忙碌的人，看火车从身边跑过；中途跑去水剧院看了出戏，水剧院实在是太漂亮了！所以最后生活环带圈里最重要的剧院外面围了那圈水……可是，我也知道最后我并没有表达出来。

对于以一条环带串联场地中的人和事的这个概念能够发展到最终的样态，在这个层面上我是非常满意的。因为在先前的设计课题中总是不断地纠结拖延，而这次能完整地顺下来让我感动得泪流满面！虽然最后打图还是有点慢，模型也是……

说说表达，本来图纸超级空，我最后开的把所有建筑变成鱼眼视点俯视的脑洞也是醉了……《清明上河图》的小人抠到瞎！最后翻译还很喜欢，问我拷来着……遗憾在于方案不够深入，平面排布不够细致，且一直没有解决怎样把带子飘起来的问题。在形体上的纠结导致前期的各种场景想象在后期图纸表达中得不到表现，这很令人伤感。以及最重要体现方案概念的长剖面没有画好，在答辩时只说到方案的生成过程就没了，最充满怨念的模型……不要太多遗憾啊！啊！啊！啊！

感谢我的小伙伴，虽然合作上有些摩擦，但如何有效地沟通表达是我要反思的很重要的一个问题（思维太跳跃了，每次都稀里糊涂的）。她就像一面镜子照出我所有的不足，如果没有问题的爆发，也许我最后又是默默地消沉，在赶图周的每一天，我都想着我一定要出完图，凭什么出不完图，虽然图纸在很大程度上没有达到其他同学们的深度，至少我还是做到了。我还要感谢同组的其他小伙伴啊，每个人都是小天使！棒棒哒！

当然最需要感谢的是两位任课老师，他们提供了一个足够轻松、宽容的氛围和各种各样有意思、有深度的建议，这将对我未来的设计产生很大的作用。怎样做有意思的方案，做自己真正喜欢的方案，是我学会的最重要的事。

陈咏仪

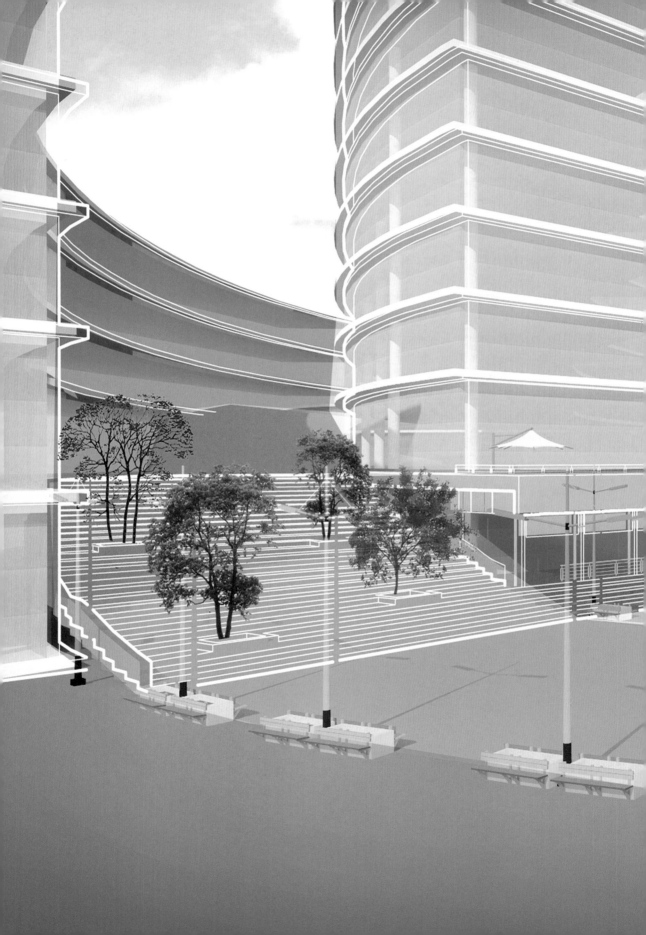

绳子是对你们组的概念的一个抽象概括。当然你们的概念并不仅仅是用一根绳子联系所有的空间，还要推敲绳子的尺度大小，控制空间的收放，营造不同的活动。所以，"人立方"是一个吸引人的出发点，也是一个能够给这个方案很好解释的概念。而一幅长卷的设想是一个能够将"人立方"串联和展现的手段，所以绳子也是命脉之一。这也许是在中期受到宗本老师大力追捧的原因之一。

遗憾的是这个良好的开端并没有顺利地发展下去，差不多概念定完以后并没有深入地进展。在我看来两个小伙伴的工作没有在一个频道上，彼此脱节。我意识到这个事实的时候已经太晚，差不多就要交图了。好在最后图纸、模型、PPT都有了，并且日本的教授一贯都很关心方案的想法而不那么在意作品的完成度。所以宗本老师依然给了高分。

建筑设计是一个不那么严谨也不能太艺术的行业。很多问题如果深究，其实根本没有答案，但如果太随意会显得没有社会责任感。对于度的拿捏和把握可能是很多建筑师一生都在探索的东西。而你们俩在我的理解中一个过于严谨地要去追求方案存在的理性意义，另一个则过分凭借自我的感性放纵地做设计。但无论怎样，建筑设计是一个需要与别人合作才能完成的工作，所以我们的教学中才会出现联合教学，出现合作设计，是希望大家能尽早体会这个职业的特点，在合作的过程中学会彼此发挥和彼此妥协。

唐芃

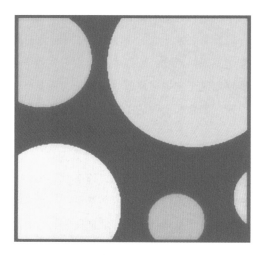

杨梦溪 　李姝睿

CIRCINET

"周围环境、人的行为、社会功能、生态技术相互
交融，便是对共生的理解，也是方案所追求的理念。"

设计笔记本
Design Notebook

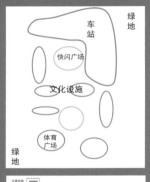

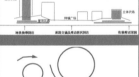

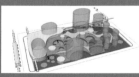

■ 09 月 21 日

日本归来汇报——人体尺度

1. 品川站前

A. 品川中央公园 D/H 比例约为 0.3~0.35。

B. 品川站还通过人行天桥与地下停车通道巧妙地解决了人车分流的问题。

2. 大阪站南广场

A. 广场：广场成为一个聚集的中心，适合进行各种演出等活动。

B. 站前共享空间：空间尺度超大，却没有不适感；流线集中，步行系统层次丰富；商业配置利用大空间，使其十分宜人。

C. 屋顶花园：创造出适合人活动的室外空间。

■ 09 月 24 日—27 日

提交了两个方案

1. 都市农场

场地布置为绿色农园而设想垂直绿化。

方案设想：将近处的绿地和菜园延续进场地；考虑周边人群到达场地的路线，保留一条场地内通道；在不遮挡远眺视线的基础上布置建筑体量。

2. "快闪"主题广场

做三个不同主题的广场——快闪广场、体育活动广场、街头艺术广场，明确快闪活动对应的建筑空间要求。

评价反馈：都市农场的创意不够，快闪广场过分注重快闪这一行为，只为快闪做空间有些小题大做。

■ 10 月 9 日

1. 网络可分层进行设计。

2. 网络分区域布置，可不满铺。

3. 网络与功能体块有联系，网络连接有目的

性，与建筑围合出向心性，留住人。

4. 增加体块，再考虑体块布置和城市剖面

5. 广场功能细化。

6. 网络的尺度。

7. 网络层次

A. 一层：考虑人行和车行布置、广场形态可以不与二层完全对应。

B. 二层：网络区域化，先确定体量再想连接

C. 三层: 局部连接几栋，按功能(住宅/办公

■ 10 月 13 日

1. 把圆圈本身做成文化设施、交往空间。

2. 网络边缘的处理要再考虑。

3. 热闹、有趣的感觉不够，要做充足。

4. 不必单纯地把场地作为游乐场或者仅仅供给年轻人。

5. 立意阐述（构思）——社交网络

现代社会越来越依赖虚拟网络，我们希望人们从虚拟的活动中请出来，在现实中面面地交流，并且亲身体验一系列有趣的活动

建议修改：吃喝玩乐是必须亲身体验的，能像网购一样能代替实体商店，所以我们让他们吃喝玩乐，走出家门！不用太强调"络"和形体。

■ 10 月 16 日

1. 一层的路网提供了新型组织模式——自路线，路线自然生成。

2. 周边体量形态死板，与一层路网组织形不搭，可用无构造主义来做，即形态自然。

3. 考虑开放场地的管理运营

参考了藤本壮介的理论：

A. 想像乐谱就是一种很自由的状态。

从部分入手，先考虑部分之内的关系，再考虑部分与部分的关系，最后得出方案。

参考了伊东丰雄的理论：

把人与环境描述为"场"，伴随人的活动，场也随之流动，就像磁力线一样。

然后落实到方案上，我们还在寻找方向……

10月23日

一层
道路划分层级，有一定的规划。
裙房部分不要落地，保持原有的路径。
主要道路过宽，可以再细划分，比如加入绿化等等。

二层
将网端部自然弯到地上结束，如坡度过陡，在落地的地方结合楼梯和电梯。

体量
体量生长的感觉也应一层一层堆上去。
裙房和体量的关系，用一些相切或者从旁边生长出来的关系做。

车站
一层公交站的布置考虑转弯半径、车来的方向。
三层可以直接与旁边的塔楼连接，三层面积大，可以多开洞。

10月26日

体量生长的方式有所变化——圆洞之间空出来的位置为体量，裙楼在洞洞之间生长，塔楼在某几个交点向上生长。
部分洞洞周围可以有裙楼伸出来的小触手包围，形成雨廊等灰空间。
上下交通和洞洞边缘结合。

11月3日

1. 圆洞大小太均质，应再区分得明显些。

2. 塔楼的形态还是比较诡异……提出三种比较方案（按目前的喜好排序）：
A. 角部还是飞出来，只切掉一点点显得不那么尖，飞出来的部分作为阳台，气候边界封在里面，即建筑内部的平面还是比较方正的。
B. 部分体量（还采用2的形式，其余办公和住宅连成弧形的一片，更规整一些。
C. 顺应裙楼的形状往里缩，角部切掉，但是感觉角切得太厉害导致体量成为多边形，或者很别扭的异形。

11月6日

1. 平面：一层水池的形状再改改，不要太碎；填色的时候注意坡道的地方渐变。二层画出来文化设施；自行车道延伸；洞洞再主次分明一些，扩大靠近车站那个；车站和商业的边界要加门；入口处不要台阶，改成坡道；住宅两个塔楼的形态再改；北面的户型再小点；柱子点在周边，用框筒结构。

2. 东、西向各一个立面，一个从中间剖看向车站的剖面。

3. 透视角度：一个最大的洞洞往上看的透视，一个到两个图幅很大的透视。

4. 分析图
A. 生成分析：
用冷暖色表示活动的过渡；活动种类和裙楼位置有一定的关系；活动和色彩再多些，用彩虹色；生成逻辑，由两三个人静态的交流到许多人热闹的交流。
B. 上下关系：
用曲线来画；加上裙楼发生的活动；活动延伸至二层继续发生。

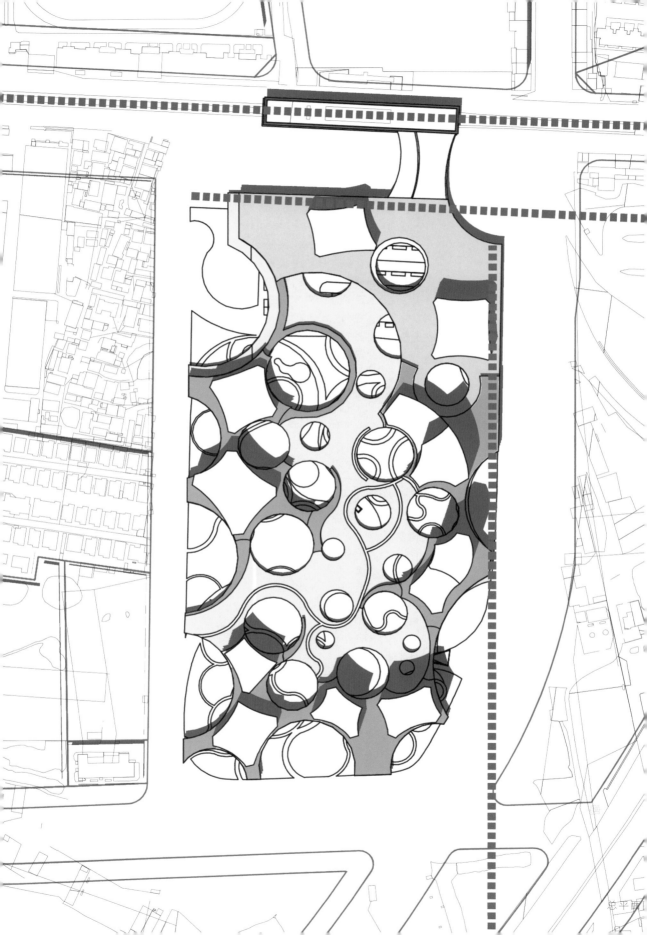

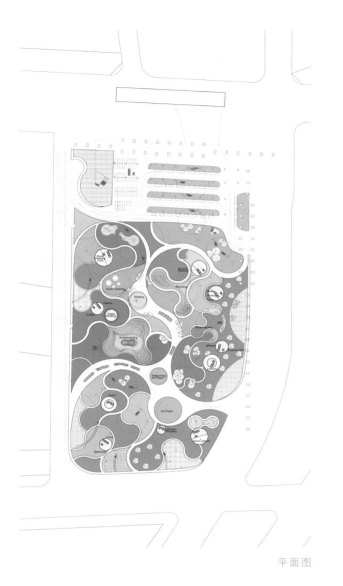

平面图

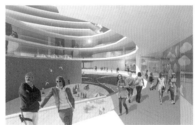

透视图

模型照片

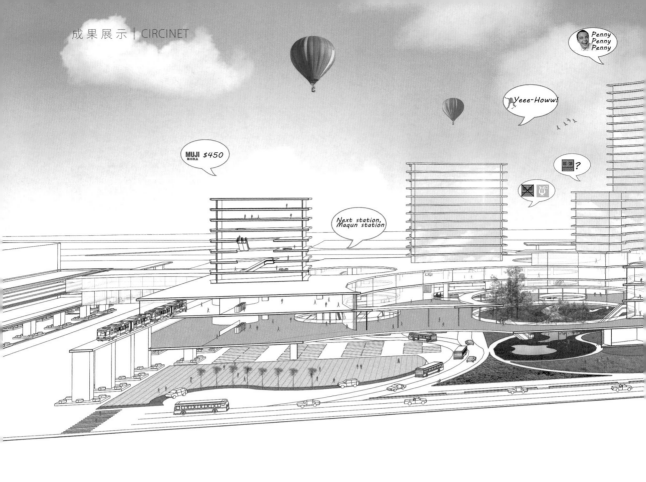

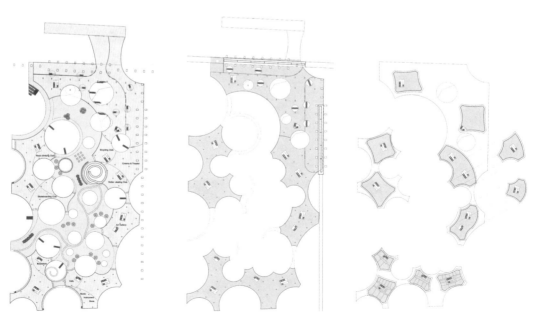

平面图

剖透视

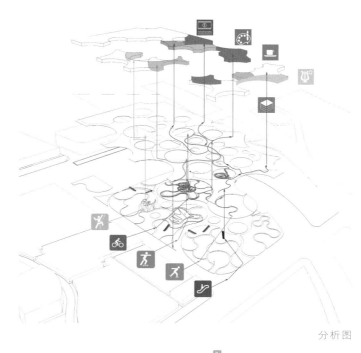

分析图

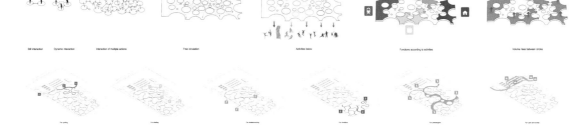

Towers

Podium building

Terrace

Main roads

Free paths

Landscape

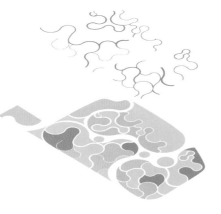

分析图

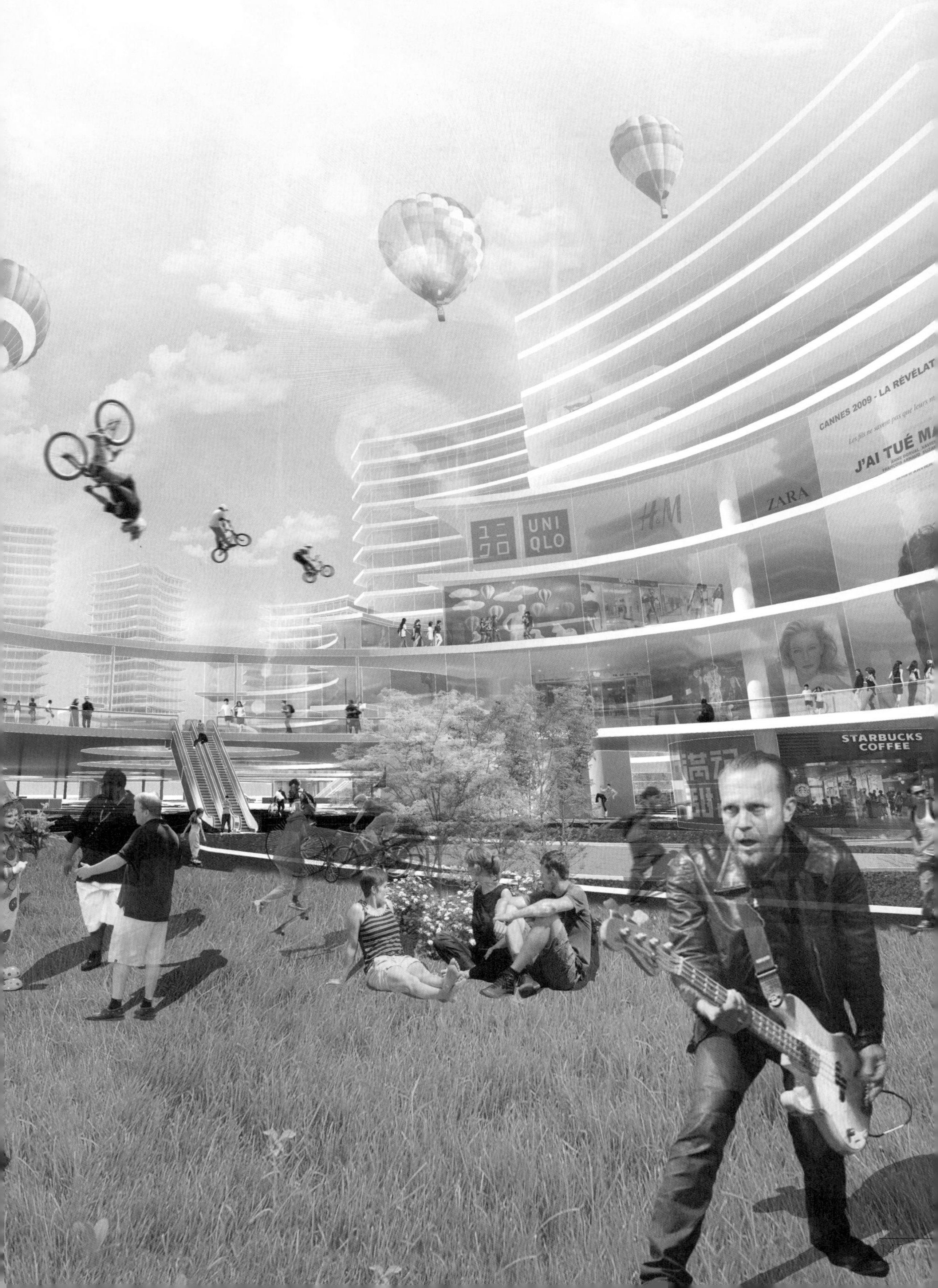
UNI
QLO
H&M
ZARA
STARBUCKS
COFFEE

很庆幸选了马群综合体这个课题，当然不仅因为可以去日本玩儿，也不仅因为最后答辩时方案被小林老师夸"卡哇伊"，而是在这两个月的时间里愉快地学到了很多。

首先说日本行。之前，一直不大注意日本建筑（原谅我书读得少！这次日本之行后，才第一次知道山本理显！）。但当我亲身体会日本建筑后，就喜欢上这脑洞大开的国度，尤其是京都站那"惨绝人寰"的高空大走廊。我觉得日本的现代建筑远优于古代建筑。古代建筑虽然有禅意，但相对于中国总差了气魄和精髓。而现代建筑则是另外一个档次，一是日本人的施工技术，二是他们的思想，不得不令人佩服。给我印象最深的是分期改造，即楼在改造的过程中，楼上所有的办公人员都到另外一栋楼中办公，然后再循环，这样，兼顾经济效应，不失为一种良好的解决方法；还有飞入天空的执念，无论是京都站的空中长廊，还是大阪站时空隧道一般的扶梯，都很符合我的口味。

其次说说课题。在日本浪了一周以后回来还是要好好学习的。我们从做几个不同属性的广场开始，到最终确立主题，其实遇到了一些挫折。但在此过程中，我领悟到许多：对自己的方案要有自信，其实就是坚定地往下走，不改方案，以前老是改方案也是源于自己的不自信和没想清楚。

珍爱生命，远离纠结。之前做方案一直想得太多，从一开始的概念会一直想到结构等好不好做，然后开始恶性循环，很多有发展可能的方案都被自己毙掉了（掩面）。这次设计课治好了我的纠结病，其实概念都能做下去，什么阶段该干什么就把什么阶段的做好，不要想得太多。之前做方案脑袋里总有一张宏伟蓝图，给自己设定一个很高的目标，然后一看时间不够了……第二天跟老师也不能有效地沟通，因为东西没做出来……所以，不纠结，有想法就做出来才是道理。

这次设计课还学到了无构造主义！无构造主义，我的理解就是"没有逻辑"的"逻辑"，自由生长，虽然在答辩的时候被说立面和剖面上没有延续，虽然其他的高深内容我们还没有领悟，但希望以后能琢磨透。

这次课题限制少也是一个特点，所以我们大开脑洞，玩得很嗨，一直对自己的方案充满信心，开心地一路做下去。总之，跟老师们和小伙伴们一起度过了愉快的两个月。

李姝睿

答辩结束的那一刻，突然有一种茫然失措的感觉，保持了两个多月持续兴奋的头脑，一下子空落落的，不愿意就这么结束。从最初的在日本一边参观一边浪，去场地找灵感，和小伙伴翻遍网上的相关案例，一次又一次讨论，到中期之后不停借书买书，一遍遍推敲方案，再到最后开足马力赶图做模型……每天都充实并快乐着。回想起来，不禁抱怨时间过得太快。

从日本说起吧。一年前跟上一届去过一趟后就深深爱上了日本建筑，这一次再去的时候更是时时珍惜在那里的每分每秒。细想一下，此行最深的感触——或者说对方案影响最大的在于——日本真是个不缺活动场所的地方。在东京，深夜一点品川站对面的商场和酒吧依旧人满为患，几乎随便从一个地铁站走出来都可以让你逛到走不动为止；在京都，人们可以三五成群地坐在鸭川旁的草坪上欣赏夜色，或者找家关门晚的店坐在纳凉床上喝一杯；在大阪，单是大阪站前的屋顶花园就足让我想在那里待一个晚上，而且连续几天估计也不会腻烦，就算厌倦了，还可以去空中庭园观景，可以去坐摩天轮，可以去广场上那家关门很晚的咖啡厅听水、吹风、看帅哥……

对比国内自己生活的地方，无论是南京还是家乡，出门娱乐的地方几乎只能想到逛街、电影、唱歌，且大同小异，去过几次就无聊至极。就算有些旅游景点，到了晚上也都把人拒之门外了。我和小伙伴也都喜欢浪，对这一现象吐槽许久，恨不得就赖在日本不走。现在想想，这恐怕也是我们后来在方案里置入一大堆活动的原始动力吧——至少如果有这么个地方，我们自己肯定会天天去。

说到方案，感觉这个作业实际上就是一个不断开脑洞的过程，大家都情绪高涨，努力做一个有梦想的建筑师。十分感谢小伙伴，因为我自己开脑洞方面还比较保守，但是小伙伴的点子是层出不穷的，一开始从电影里的快闪、滑板等等得来的灵感，发展到各种活动场地。包括最后 PPT 里加入小动画（学了 OMA 的一个动画）的想法也是一拍即合，合作起来甚是愉快。

还有最重要的是被宗本老师带上一条"无构造主义"的前卫道路。中期结束后觉得自己太无知了，于是两个人马上去图书馆充电，借了一摞儿书，也买了不少电子书和纸质书，诸如《局部生成的建筑》《混乱中的秩序》等等。虽然当时还不知道如何应用到方案上来，但是觉得眼界开阔了许多。印象最深的是藤本壮介用乐谱作比喻：写在五线谱上的音符是按照先后顺序出现的，但是如果撤去五线谱，只剩下音符，那么随意从哪个音符开始，每个音符延续多长时间都有可能，音乐也就更加自由，变得和以前不一样。他提到日本的音乐区别于西方音乐的地方或许就在此。这个理论延伸到建筑甚至哲学方面，想来也颇有意味，值得深思。

最后，还是对这两个月依依不舍吧。学得充实，玩得也兴奋。感觉理想的设计课不过如此，整个过程就是一个狂欢盛宴。太开心，太不愿结束……

杨梦溪

两个小伙伴都是我在三年级的时候带过的。无论是杨梦溪的果敢决绝，还是李姝睿的优柔寡断都给我留下深刻的印象。然而你们在这一次的合作中，却发挥了各自的特长，使得方案既有充分的想象力，又有很高的完成度。图纸风格也一如既往地欢快明朗，充分表达了作者做方案时的心情。

说实话，你们的方案在中期之前我很不看好，洞洞的趣味似曾相识，周边林立的圆柱状高层了无生趣。我也有点束手无策，不知道要往哪个方向去引导。社交网络概念可能是到位了，但表达出来的形式令人担忧。中期的时候宗本老师对你们方案的赞美令我大为震惊，甚至怀疑他是不是看方案看累了胡说八道、敷衍了事，丢下一个课题扬长而去。之后我一直在思考他留下的那个问题，直到在亚洲新人赛的时候灵光乍现。而此时，你们组的进度已经令我担忧了。但事实证明担忧是不必要的，在关键问题解决以后你们的进度是令人振奋的。估计此时杨梦溪的那种当断则断的习性发挥了作用，引导整个小组走向了一个欢快愉悦、节奏紧凑的道路。最终的结果，如同图纸中那个女孩吹出的一个个肥皂泡那样，绚丽而圆满。

唐 芃

相信绝大多数人看到你们最终呈现的粉红色的少女梦，都有会心一笑。的确，这个设计充满梦幻，但并不冰冷，反而充满温暖。正如你们的设计概念说明所写到的："现代社会越来越依赖虚拟网络，我们希望把人们从虚拟的活动中请出来，在现实中面对面地交流，并且亲身体验一系列有趣的活动。"那么，满世界的圆圈是梦幻的温暖的来源吗？可以顺利地将人们请出来吗？

蔡康永在一篇博文中如是比喻："草间弥生不知是在哪面墙上钻了一个洞，窥知了造物者的某个手势或背影，她从此寄居这面墙上，在两个世界间来回顾盼。"而事实上，草间弥生在不到10岁时，就患上了神经性视听障碍，经常出现幻听、幻视。她所看到的世界，蒙着一个巨大的网，于是她不停地画画，试着用重复的圆点把自己的幻觉表现出来——精神疾病与艺术创作几乎伴她一生。可见，事物固有的形式在不同人的眼里看到的，在不同人手里转换的，都是千变万化的。幸运的是，你们一直带着最初的纯真在做设计，这是难能可贵的。

圆圈的好处在于容易聚焦，容易摒弃干扰，这似乎与你们的设想背道而驰，但是若是掌握了优秀的空间错位手段，反而会增加完型之间的空间张力，这也是你们一开始没有注意到的。后来的结果，证明你们在完型内部和外部通过完型自身的组合演变所带来的异形和活力是可取的，也是你们意想不到。

这种意想不到，才是这个设计令人称道的地方，不仅仅是效果，更重要的是意想不到才能对人产生吸引，才能真正从虚拟中走出来。

沈　旸

商琪然　　　管　睿

都市の成長

设计笔记本
Design Notebook

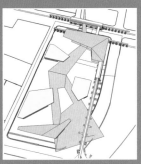

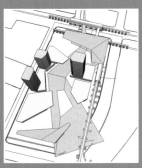

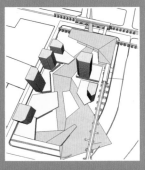

■ 09 月 24 日—27 日

一周概念：

以人群为出发点，考虑地区人群特点，创造一个适应这类人群的城市空间，并且希望有可能在方案中引入时间维度。

老师点评：

"群落"这一概念，在空间上的垂直划分使得人群被严格划分或者限定了，这一点似乎有将人群分类的意思，有一点不妥。

将时间介入方案这一点是比较好的地方，可以将其与聚落这一概念结合，因为均是框架结构，可以因时间的不同规划不同的底层生活方式，进而实现时间的引进，可以考虑到最近五十年这片地区的发展方向等。

■ 10 月 9 日

ABSTRACT

除了时间轴，未体现出主要概念。
表达方式需要不一样，体现时间的维度。
需要至少举出一个单体如何变化的过程。

可以在时间上划定一个五十年的"近未来"的城市发展规划设计，这个设计比较特别，需要跟别人的表达方式不太一样。概念的出发点是可以的，但是这次的方案中体现到的并不充分，加入时间维度之后，我们所需要做的是在时间的线索下的策划。

如：在开发的初期阶段，马群附近的拆迁户即可以搬进来，这时的建筑需要考虑今后的改造与加建，尽量使用规则的柱网并且预留核心筒的位置。在开发的中期阶段，住宅和配套已经完善，初期阶段和更多的人可以永久地搬进来，此时可以进行扩建，增添适应社区的商业配套，加建辐射整个马群范围的商业中心。在开发的末期，建造基本按照城市设计最后的规划进行，商务商业、管理物业、车站、博物馆各司其职。

在这几十年的时间中，时间轴一直在见证这一地块的发展，并吸引着四面八方的人群，树木会一天天长高，也渐渐地改变着这一地块的生活环境。

问题：如何进一步强调"时间轴"的概念，使其变得不可或缺或者更有意义。

■ 10 月 13 日

"都市生长"

1. 概念梳理

关注时间维度，以生长型城市理论为基础，在场地不大不小的面积中，探索适合当前中国城市交通综合体边土地的集约和可持续性问题。方案概念的起源总结为两点：

A. 为城中村人群融入城市的转型过程提供一种缓冲的可能。

B. 目前中国建筑行业存在大量因政策、资金等停滞的工程。作为一个大型综合体项目，我们提供分期建设的策略，使得其在建设未完成的状态下也能相对完整、独立地运转。

2. 时间轴处理

强化其复合性、时序性。

3. 功能布局

功能布局需要再推敲，结合周边环境。
目前两栋住宅较孤立，且位于较公共的区域

. 操作性

操作方式和建筑量的安排应该更具体，符合
逻辑，令人信服。涉及加建塔楼的建筑可以
考虑更多可能性，比如塔楼及加建时需要的
施工空间可以前期空开，作为提供给城市的
绿地等。

. 时间轴的文化设施

功能置换：菜场→社区服务→建设展览馆。

10 月 20 日

分期设定应该简单清楚，在得到最终方案
之后向前做减法推导，现在的设定过于复杂。

后面的工作方向：

深化终期目标，包括公共空间、商业空间、
建筑布局、流线、场地、景观……

合理设定分期计划。

研究操作方式。

表达上保持概念的延续性，于是表达肯定
很难啊，伤感。

10 月 23 日

场地西侧的开口比较难受，需要更舒适、
适合人的活动，西南角的广场需要调整。

时间轴上的开口需要重新考虑，底层的路
与时间轴的垂直交通节点需要优化，使得其
与时间轴的关系更明确。

在裙房与时间轴交接的节点设计上，可以
用小块块来占住面积，空出人活动的空间。

车站可以在西北角加一个纯交通入口，方
便场地西侧过来的人，这样可以使得场地入
口广场的交通设计得更具有活力。

裙房的面积可能有一点儿过大，需要调整。

考虑停车流线，东西半边各有三个出入口。

10 月 27 日

1. 时间轴的设计非常重要。

2. 车站面积过大需要考虑挖洞。

3. 地下停车入口应该顺应道路，更加隐蔽，
减少对人行的影响。

4. 塔楼形式需要深化，从美学以及强调概念
的角度考虑，可能从形式上接近生长的概念。

10 月 30 日

1. 时间轴的商业布局仍需要退出足够的空间
供行人行走，中间的开口拔高一点儿，用楼
梯和电梯引入人流，树的位置也要根据人流
进行设置。

2. 车站太丑。

3. 西北入口处树的引导性不强，需要加强引
导，着重考虑铺地的设计，广场与时间轴下
的空间交接的部分需要考虑。

4. 裙房柱网要注意对齐。

5. 加强西侧商业流线的引导性。

11 月 3 日

1. 小动画：应该更着力描述每个阶段的完整
性和使用状况，注意景观和场地设计，现在
的效果类似建造过程

2. 时间轴平台面需要加强设计。沈大大建议
可以按照一个大的构筑物的思路设计，跳出
小块块、小划分的思路。此处应该类似采用
"奇观""城市节日策划"的思路聚集人群，
以营造节庆热闹的气氛。

3. 车站的比例关系还需调整。

4. 塔楼设计还要考虑。

5. 博物馆入口处坡道的处理要再调整，可以
参考苹果社区入口，尽量衔接自然。

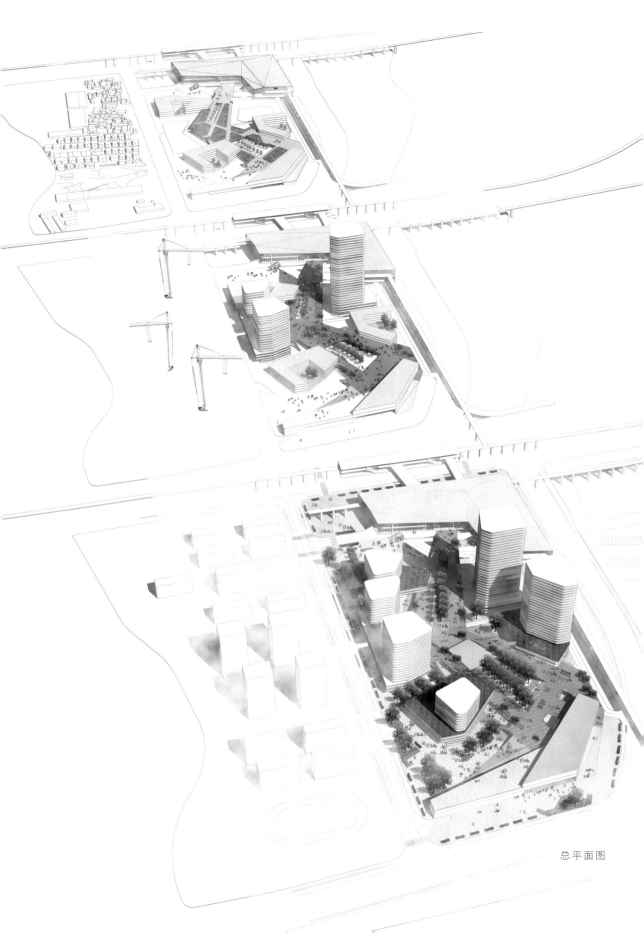

总平面图

各层平面图

Urban Village

Stage 1

Time Axis_Station+Public Space+Public Building
3 of the Annexes_Temporary Housing

Time Axis is a witness to the changes on the site during the years.
On stage 1, three of the annexes are built as temporary housing. Since the nearby urban villages are pulled down during the URBANIZATION process, our project is intended to provide SHELTER and FARMING space for those who lost their home & land.

Temporary Housing

Farming

Market

Stage 2

2 of the Buildings_Shop+Hotel /Office /Residence

On stage 2, two of the buildings are built completely. People MOVE from the temporary housing to the new apartments. Farming space turns into the CITY PARK and market turns into the COMMUNITY SERVICE CENTER.
With all the facilities ready, regular city life is about to happen.

Office

Residence   Hotel

City Park

Community Service

Stage 3

Reconstruction & Expansion_Shop+Office /Residence

On stage 3, the first three annexes are reconstructed. Temporary housing turns into the PREPROGRAMMED functions - office and residence with commercial. Public space turns into PEDESTRIAN SPACE and SHOPPING AREA. Public building turns into a EXHIBITION CENTER which shows the history and construcion process on the site.

Office

Residence   Office

Pedestrian &Shopping Area

Exhibition Center

Public Space

Sightseeing

Shopping

Fast Lane

Slow Lane

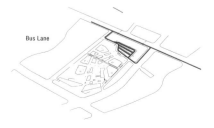

Bus Lane

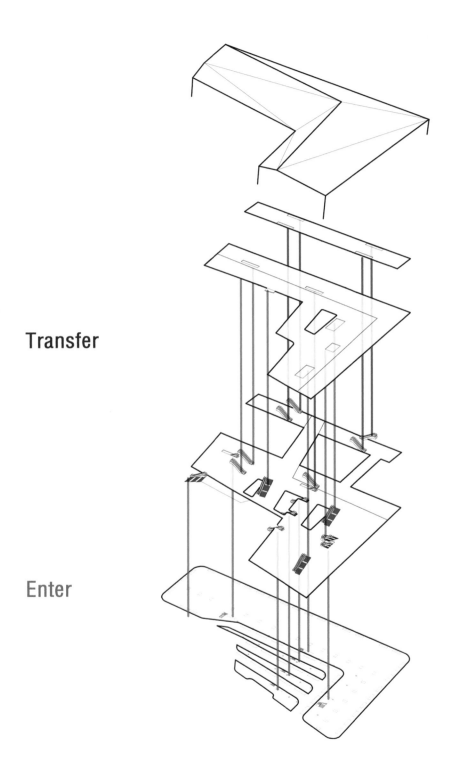

Transfer

Enter

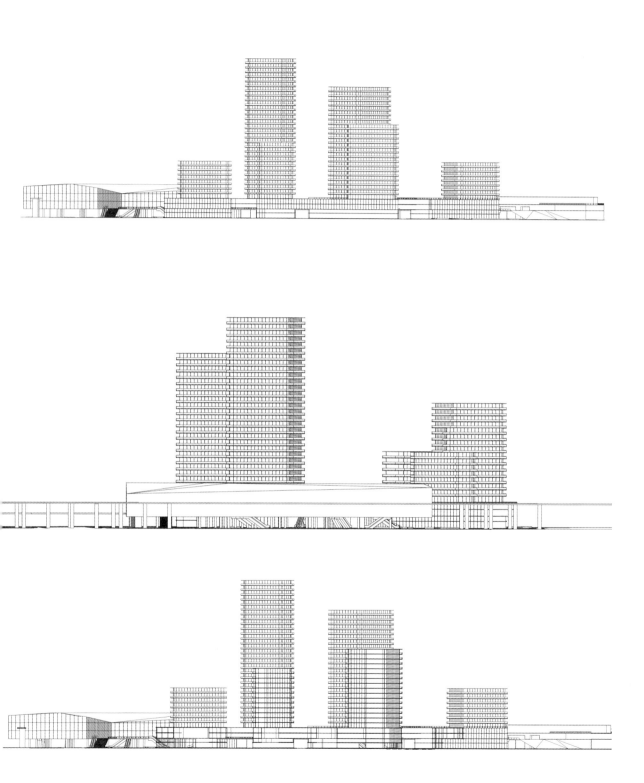

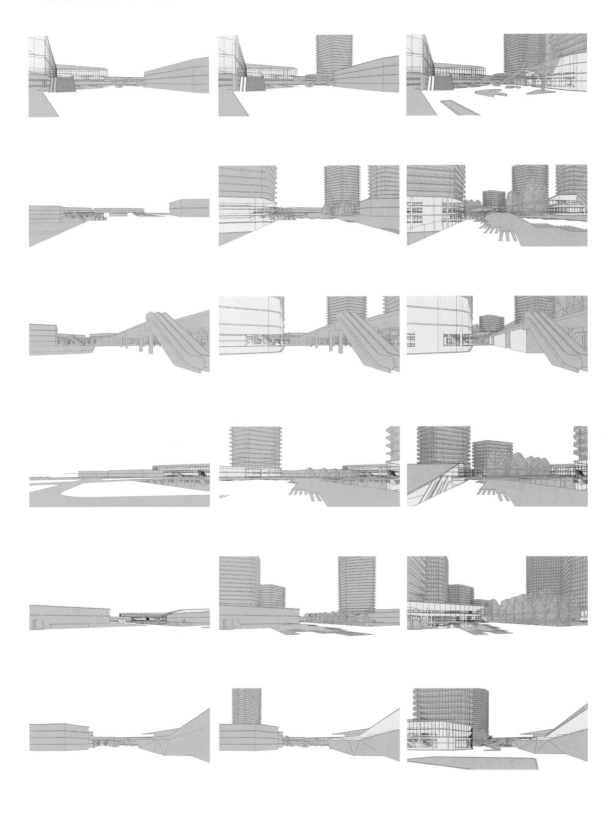

这是第二篇总结。之前的总结过于草率，一是错以为设计结束了，总结好像没有那么重要，二来写总结的后半段要出去吃饭，就敷衍了一下，对此深表歉意。以下重头来过，记录和总结这两个月来的收获和成长，原来还是此中有深意。

今天，唐芃老师其实把我骂得挺清醒，我确实可以被归为"混日子"一类的人。可能仗着自己有一点儿小聪明，加之自我要求不够严格，每每在大的学习周期中的前半段表现得极懒散和不用心，而后期则会因为同学、父母、老师的压力努力一程，这表现在我的初、高中，而大学一、二年级的不作为更让我在大三想要追上别人的设计水平费了很大的力气。今天对于总结的潦潦草草，我好好反思了，并不仅仅把这篇文字当做一两个月的马群总结来写，更希望向大学唯一带过我两次的老师坦诚自己的内心并寻求一些建议。

还是先回到马群，对于这个课题，当初选题的原因有三，一是觉得可以去日本实地参观，二是可以跟着之前带过我并且挺喜欢的老师一起学习，三是地铁站加综合体似乎是接下来中国比较主流的开发模式。

去日本之前，我加入学校的联合教学，在加拿大待了二十天。日本和加拿大这两个国家有很多相似之处，比如街道的干净程度、人们对于规则的遵守程度，甚至天空的颜色。这让我对中国当今的发展产生了一些思考，是不是太过注重发展忽略了其他的因素。这些都在设计中有所反映，不作赘述。在日本，我们去了很多家博物馆和美术馆，其实去之前我就非常地惊讶于日本博物馆数量之多，甚至还存在"是否有这么多人看"的疑问。但是去了之后，这个疑问被彻底打消，日本人对于文化的热爱让我很震惊。撇开自己建筑学学生的身份不谈，在之前的生活当中，并没有认识到这种公共文化设施对于普通人的重要性，日本之行不仅仅让我认识到别人对于文化的态度，而且有了要常看展览的自我认知。

设计的初始，在概念的提出阶段，我们希望能够既有意思又可以有意义，我们希望不单单从形式上可以突出自己的设计，还能够为人创造更多的机会。结合在日本所看到的一些开发模式和分地块、分时段建设的理念，于是以时间为线展开设计。商琪然希望我们的设计需要"合理"，在分期建设中，我们只能考虑突发因素让工程停下来，而我认为停下来是必须的。为此我们争吵过多次，我总是认为既然是自己的设计，自己就是这块场地的上帝，我可以任意地规定建设的时间、停滞的时间，但是实际上从一个实际项目考虑，商琪然的想法是更加合理和正确的。这是第一次合作吵架的体验，其实各自坚持自己的理由并试图说服对方也是一件很有意思的事情。

在设计的推进过程中，分工合作和合理有效的沟通必不可少，当然这是大家都面临的问题，每个组似乎都有自己的一套方法。商琪然是一个做事有条理的同学，这一点让我学到了很多。我学习了她对于文件的分类方法，这样再也不用担心找不到文件了。

从最终呈现的成果来看，我们基本满意，但有些遗憾的是三张鸟瞰拼在一起的那张图作为我们最有力的表现图没有能够很好地跳出来，这主要是PS技术不太到位，加上不太有平面设计的功底，并不知道如何做才能增强表现效果。当然这次的表现图完全是我们的原创，也并未找见先例，就这一点来讲还是比较成功的。

做这个设计最大的收获是知道了如何"开心地做设计"，之前唐芃老师带的沙塘园食堂改造虽然不怎么纠结但也不是特别顺利，过程同样比较坎坷，期间因为不干活或者活干得不好还被骂过几回，也因此而郁闷。做马群课题的过程，其实是自我发现、成长的过程：偌大的地块，如何做？从哪里开始？怎么提出一个有意思又合理的概念？怎么有效地与小伙伴沟通？甚至怎么做PPT？其中经历的不同也是主动式和被动式的学习的不同，"开心地做设计"就是一个主动学习的过程。当然对于我来说，更是一个警醒，不能被动地仅仅靠压力来学习。

管睿

大四第一个设计并不一帆风顺，但确实获益匪浅。

作为课程预热的日本之行几乎成了大多数人方案的起点。尤其是以京都站和大阪站为代表的车站参观给我留下深刻的印象。国内的大型地铁或铁路换乘枢纽通常是一副或混乱或冰冷的模样，至多尽力完成已设定的功能需要，此外并不容纳更多事件和惊喜的意图。而在这里一切有了新的意义，它们与其说是车站，却更像巨大的容器或者微缩的城市。换乘像是故事的脉络，而购物、聚会、休憩、邂逅、约会种种事件如同故事的血肉融合于此，城市生活的复杂性和节奏感也在这里展现。至此，我开始大致理解这个课题以换乘枢纽为核心创造有活力的城市综合体的意图。

在前两周提出概念的阶段，我们一直不得章法，过于重视形式方面的问题，又对基地周边环境缺少思考。于是一两节课后，开始重新回到场地，试图从基地及生活于此的人群本身提取我们的设计概念。马群的地理位置比较特殊，位于主城边缘，城市化进程的步伐刚刚至此，乡村被城市包裹卷挟的痕迹仍清晰可见，城中村像一块块胎记点缀在这片土地上。在日本时，丸之内的百年建设、横滨港的规划发展等案例使我们开始意识到城市设计的时间跨度和阶段性。而在马群，无论是红线内的综合体还是红线外的大片区域，未来的开发建设都将是一个漫长的过程。在这个过程中，城中村的居住者再一次被推到变化的浪潮前，无论是失去住所还是融入城市生活，对他们都是一次巨大的挑战。因此，从人群的角度出发，我们选择了"时间"作为方案的起点。怎样设计综合体的建设过程以达到使变化更为柔软，以及在物质建设的同时建立人对新城的记忆和情感，成为我们需要回答的问题。

我们的做法是在场地中构筑一条可见的"时间轴"，即换乘中心＋平台公共空间＋公共建筑。希望这条强势的线索以相对不变的物质形态见证改变，串联起记忆；同时，又以细腻的氛围变化适应不同时间点的需求。其次，对于主要建筑采用分期建造的做法，并且使用框架结构以保证增改建的可能性。我们将建设分成三期。第一期对应城中村拆迁，建设部分裙房用做临时住宅，为城中村人群提供住所，同时平台供其种植作物，公共建筑用做菜场等基本设施。第二期对应周边初步开发，建设三栋高层，包括住宅、办公及酒店，提升生活品质，人群搬入新居，平台作为城市公园，公共建筑用做社区服务。第三期对应开发后期，对一期裙房进行增改建，建设为完善的城市综合体，平台作为城市开放空间吸引更多人群，公共建筑作为展览馆记录场地历史变迁。

在最终的答辩中，惠良老师、小林老师和茅晓东老师给出的评价以肯定为主，主要对"时间"概念、空间尺度、形态和城中村人群的衔接处理等方面表示认同，同时提出了一些问题，比如表达应更注重人文关怀，功能布局中应注重住宅对公共空间活力的重要性等等。而宗本老师在肯定了"时间"概念的同时，对这个方案的实际意义提出了比较大的质疑。比如，规划的时间究竟有多长？如果是三四年，那么复杂的增改建过程是否必要？如果是二十年，那么这么长的时间内场地始终处于未建成的状态是否适合？二十年后的建成状态采用的是也许已经过时的设计理念，是否有其局限性？宗本老师还提到了一些城市设计理论方面的问题，比如历史上有魅力的城市都是自然形成的结果，而按自己想象的分期建设很可能推导出无趣的城市空间。

回顾这次的设计课题，收获最大的有两点。一是从跟唐芃老师的剧场设计到日本参观到这次的设计的一个持续的感受，大概可以表述为对都市趣味性的关注。基本是从人个体的角度出发，以充满想象和创造力的方式回应城市，塑造有魅力、有活力的空间，同时在各个层面上强化最初的概念。与其他一些宣扬空间品质、氛围、秩序的建筑师容易陷入自说自话僵局的设计手法不同，这是一种非常接地气、有人情味的思考方式，尤其面向现代城市，其魅力浅显易懂，振奋人心。二是来自宗本老师对我们的方案的质疑带来的反思，一个特别的方案切入点可以导向多种结果，在开始阶段可以有更发散和多样的思考；同时理论学习在这个过程中有一定的意义，可以使你跳出自己固定的思维，激发更多创造力。

书不尽意，聊表感恩。

商琪然

商业、树作为空间轴线是非常常规且很有效的方案。但是规划好二十年后的设计是不是有一点儿无趣，这样这里是不是一直是一个"工地"的状态，按想象来分期建设并且得到有魅力城市的结果并没有先例可循。

时间轴的性质可能更应该是一种隐性的状态，年轻人可能应该从时间而得到更加有活力的结果。

宗本顺三

第一次听学生主动思考分期建设的问题，有很多难以推进的地方。

体块、裙房和轴线等都非常完善，是一个非常完整且好的方案。表现图多一些人文关怀可能就更好了。

小林利彦

前面两期非常的重要，很好地回答了城中村的问题，胜负成败的关键问题是铁路线路什么时间可以建设。

这决定了站前广场作为花园、临时商业作为二期商业等后期规划是否成立。你们的脑海里一直有城市，这是我非常佩服的一点。

另外，你们对于城中村的关注和解答非常到位，有关植物生长的表达也很生动。

惠良隆二

图面、空间尺度、形式、景物、车站、轴线都非常出色，是我非常欣赏的方案。你们以回迁房和分期建设作为设计条件，公共建筑和住宅的处理不一样，公共建筑比较抓人眼球，而住宅则比较平，这是正确的方式。

但是有一些注意点：你们的楼以办公为主，交通组织有一定的压力，马群现状前后并没有新城，如果全部为公共建筑是否会有人过来，是否会成为一座空城是一个必须考虑的问题。

茅晓东

生长组是我给予评分最高的组，你们扫除了我之前对这个课程的担心。

我的担心是：在马群课程设计的第二年，已经熟读了第一年的学生作业的孩子们还能做出什么不一样的东西。你们给了我一个完美的答案。正如最终答辩时候各位老师对你们的评价所提及的那样：难以想象这是一组刚上四年级的学生做出来的方案。你们非常好地从建筑设计过渡到了城市设计，并很快掌握了它的要领。这并不仅仅体现在对于场地周边城中村的关注，也不仅仅是对建筑体块的有效把握，重要的是理解了城市是生长的这样一个事实。

尽管这个都市生长的方案是青涩的，其中一些操作的过程充满孩子气的想象，但它展现的是通过这个课程的学习，你们对城市有了四维的理解：它是一幅画卷，更是一幅在时间的长河里不断被添加和晕染的画卷。

唐芃

如何认知时间，既是个亘古不变的话题，也是个历久弥新的问题。虽然你们的设计是面向未来的，可我更愿意站在未来回望你们设定的时间。

认知对象的过程常常就是一种历史记忆，然而从不同时代、不同立场和不同思路出发的回忆，往往呈现出不同的历史叙述，建构不同的现代位置，不只是个人回忆会有种种夸张、遗忘和涂抹，整体的历史叙述也会由于环境和现实而变化，表现出不同的意识形态和文化取向，所以"历史何为"是一个很难回答的老问题，或更广泛些，"记忆何为"？

设计的对象是常常被人遗忘的城市飞地，快速城市化背景下的设计知识的教学和传授，其更恰当的途径应当是通过讲授者或受教者的"叙述"，"激活"更为个性化的记忆、体验与经验，调动心底的"储备"，唤回心中的"记忆"，重新建构并认同这一历史和传统的过程。

如何处理好城市发展的时间烙印，需要对城市飞地作为"城乡"二元关系结构中的政治和经济"权力话语"产物做出切实的反思。城市要发展，但有限的资源导致开发也是有限的，能满足的城市需求也是有限的，因此，适度开发是必须的，也是必然的：不要超负荷利用，尽量减少消耗；不要超越其恢复更新能力随意扩大；要尽量挖掘无形的潜力，使有形与无形之间良好匹配，有效提高承载能力。

此外，提醒你们重新审视和认真重视：文字是叙述，可以帮助你们激发对于陌生对象和模糊直观，产生更为个性化的记忆、体验与经验。图纸是文本，可以借之调动心底的储备，唤回心中的记忆，重新建构并认同这一历史和传统的过程。如果你们可以用得更好，这个设计也会更好。

沈 旸

后　记

接到唐芃催促后记交稿的电话时，我正站在衢州南孔满是银杏叶的院子里。

今年的天很奇怪，都快冬至了，还燥热得让人静不下心来。

站过太多的大成殿庭，一直以来给我的感觉总是冷冽透亮，这次的昏沉沉是从没遇到过的，也难怪我居然将后记的事情忘得干干净净。

唐芃在电话那头批评了我，谢谢她，我一下子就清醒了。

人这一生，很多事情仿佛冥冥中都有着关联，唐芃催稿的后记是为了我们合带的本科四年级城市设计教学读本的出版，而此时的我就在斯文圣境的参天大树下。

一切的一切，都和教书有关。

记得曾经看过的一段话，对于路易斯·康来说，学校的起点就是在一棵大树下老师和学生聊天对话……

真要回忆起六年前开始的事情，颇费了一番思索。我这人记性不好，所以绝对不会说出历历在目的话，反倒是一些历久弥新的片段划破脑海的黑洞，愈发明晃。

2013 年 5 月，和唐芃陪同相关人员赴日考察，经由学妹周伊引荐了东急地铁的首席建筑师北田静男先生，相约合作一个校企联合的设计课题。此前我已和水石的沈禾、亘建筑的孔锐合作了两个校企合作的三年级设计课题，深感校内校外的碰撞对同学们的巨大启发。

可是，回宁后，却苦于找不到合适的题目。

6月的一个晚上，我刚从中大院（东南大学建筑系楼，编者注）出来，得到一个消息是北田先生可能会被邀请做南京马群地铁的顾问，就给周林林去了一个电话了解情况，巧的是他们正好在做马群地铁周边地区的策划案，资料齐全。赶紧告知唐芃，一拍即合。

如此，两个企业，中国的项目策划与运筹公司，日本的地铁设计和运营公司，和我们组成了涉及多领域的校企联合教学组，设计课题定为"马群地铁站周边城市设计"。

感觉心头一块石头落了地，时候也不早了，赶紧回家。不经意抬了下头，竟发现那个初夏的校园里，可以看见黔蓝天空里的星星。

唐芃做事雷厉风行，又有留日背景，前期准备的重担都落在了她的肩上，包括翻译资料、制订计划，还有随后的带学生日本考察和日方沟通等等。此间，林林总总的辛苦和付出，我想对每个参与者来说，都是印象深刻的。

当然，同学们也极其给力。

顺理成章，我们又开展了2014年的第二轮，日方导师则更替为唐芃的导师京都大学的宗本顺三先生和三菱美术馆的惠良隆二先生，设计课题的要求也更为精准，对同学们的训练也更为全面。

两轮结束后，我和唐芃将设计课题转向了意大利的工业遗产设计，只是我的建筑史教学课程愈多，分身乏术，第一轮就没有去成现场，只能依依不舍地退出了。不过令人欣慰的是，有北京建筑大学的王兵，重庆大学的龙灏，天津大学的张昕楠，我们学院的朱渊、江泓、李飚等诸位老师继续陪着唐芃，将这个中外联合教学的课题和模式越做越大，越做越精。

关于和同学们的相处，实在是值得回忆的太多了，这份情谊至今都无法割舍。他们现在都已散落世界各地，每每在各种渠道看到他们的名字，我总是感觉很亲切，也常常很自豪地告诉别人：我和唐芃带过他（她）。

所以，我想告诉同学们：你们的名字和样子，你们最美好的名字和样子，我会永远记得。

所以，我和唐芃一定要出这套小书，分为看卷与读卷，为了纪念我们一起度过的美好时光，更为了把我们和你们的成长，能够像钱钟书先生一样写在人生边上。

书的名字叫做"开往春天的地铁"——而写下这段文字的我，正坐在开往南京的高铁上。

车窗外是浓浓的夜色，我发了个消息给唐芃："就快冬至了，听说北京下雪了，明天南京肯定也要降温了；我还记得有一年你去北京，写过一段话：北方没有雪，都下在了南方。不管今年的冬天怎么样，我想我早就已经坐在开往春天的地铁上了……"

2019 年 12 月 16 日
衢州返宁途中

读书笔记

图书在版编目（CIP）数据

开往春天的地铁：中日联合教学马群地铁站周边城
市设计/唐芃等著. — 南京：东南大学出版社，2019.12
东南大学建筑学院历史性城市设计教学读本
ISBN 978-7-5641- 8792- 7

Ⅰ. ①开… Ⅱ. ①唐… Ⅲ. ①地下铁道车站 – 建筑设
计 – 南京 – 高等院校 – 教材　Ⅳ. ①TU921

中国版本图书馆CIP数据核字（2019）第289698号

书　　名：开往春天的地铁：中日联合教学马群地铁站周边城市设计

Kaiwang Chuntian De Ditie：Zhongri Lianhe Jiaoxue Maqun Ditiezhan Zhoubian Chengshi Sheji

著　　者：唐　芃　沈　旸　等
责任编辑：戴　丽　魏晓平
责任印制：周荣虎
出版发行：东南大学出版社
地　　址：南京市四牌楼2号　邮编：210096
出 版 人：江建中
网　　址：http://www.seupress.com
电子邮箱：press@seupress.com
印　　刷：上海雅昌艺术印刷有限公司
经　　销：全国各地新华书店
开　　本：787 mm × 1 092 mm　1/16
印　　张：18
字　　数：410千字
版　　次：2019年12月第1版
印　　次：2019年12月第1次印刷
书　　号：ISBN　978-7-5641-8792 - 7
定　　价：98.00元（全两册）

（若有印装质量问题，请与营销部联系。电话：025-83791830）